기계공학도를 위한
파이썬과 머신러닝

기계공학도를 위한 **파이썬과 러닝머신**

펴낸날 | 2023년 2월 20일

지은이 | 이대엽, 이경은, 이상승
펴낸이 | 허 복 만
펴낸곳 | 야스미디어
등록번호 제10-2569호

편 집 기 획 | 디자인드림
표지디자인 | 디자인일그램

주　소 | 서울시 영등포구 양산로 193, 남양빌딩 310호
전　화 | 02-3143-6651
팩　스 | 02-3143-6652
이메일 | yasmediaa@daum.net
I S B N | 978-89-91105-53-9(93550)
정가 25,000원

───────────────────────────────

＊ 본서는 2022년도 정부(산업통상자원부)의 재원으로 한국산업기술진흥원의
　지원을 받아 수행된 연구임(P0012769, 2022년 산업혁신인재성장지원사업)
＊ 본서 중 일부는 인하대학교 교내 연구비 지원을 받아 수행된 연구임.

기계공학도를 위한
파이썬과 머신러닝

Python and Machine Learning
for Mechanical Engineers

이대엽, 이경은, 이상승 공저

YAS 야스

머리말

2000년도 이후부터 전세계적으로 실용적으로 많이 사용되기 시작한 머신러닝 (machine learning)은 이제는 컴퓨터 공학 이외의 비전공자도 각 전공 분야에서 활용할 수 있도록 반드시 이해를 해야 하는 학문 영역이 되었습니다. 기계공학 분야에서도 머신러닝을 이용하여 기계 장치 및 시스템의 효율을 높이는 것은 매우 중요하기 때문에 기계공학도로서 머신러닝의 기초를 이해하는 것은 필수불가결하게 되었습니다.

머신러닝을 포함하는 인공지능에 대하여 아직도 지나친 과신과 경시가 혼재하는 상황이 지속되고 있습니다. 가까운 시일내에 인간의 개입이 없이 스스로 운전을 하는 자율 자동차와 인간의 일상 생활을 지원하는 휴머노이드 로봇이 인공지능을 이용하여 개발이 되어 사용될 것이라고 하는 예상과 같은 지나친 과신을 배제하고 머신러닝을 실용적으로 유용하게 연구 개발 및 활용을 하는 것이 중요합니다.

이를 위해서 기계공학을 비롯한 다양한 전공 분야에서 머신러닝의 공학적인 유용성을 이해하고 활용을 확대해 나가는 것이 중요합니다. 또한 머신러닝의 악용을 방지할 수 있도록 사회학적 관점의 이해도 공학도에게는 중요한 역량이 되고 있습니다.

저자 일동은 지난 수년간 기계공학도를 대상으로 한 머신러닝 강의와 연구를 통하여 기계공학도로서 이해를 해야 할 필요가 있는 내용으로 학부 수준 강의를 고려하여 본 교재를 제작하였습니다. 머신러닝을 이용하여 다양한 기계의 지능화를 통한 효율을 높이는 데 본 교재가 학습의 기반이 되어 미력이나 기여를 할 수 있기를 바라는 바입니다.

2023년 1월
저자 일동

CONTENTS

차례

CHAPTER 2 | **파이썬**

CONTENTS

## CHAPTER 1

서론

1.1 인공지능

1.1.1 인공지능의 역사

컴퓨터의 유명한 개척자인 Alan Turing은 1950년 컴퓨터의 프로그램이 지능적으로 생각할 수 있는지 여부를 판단하는 소위 튜링 테스트의 개념을 제시하였다. 이로부터 인공지능(Artificial Intelligence(AI)) 연구가 시작이 되었고, 지금까지 인공지능을 연구하는 과정에서 붐(boom)과 침체(ice age)의 시대가 번갈아 있었다. 현재는 3차 인공지능 붐의 시대에 해당이 된다고 알려져 있다.

1차 인공지능 붐은 1950년대 후반부터 1960년대로, 프로그램이 가능한 디지털 컴퓨터의 추상적인 수학적 추론에서 인공지능 연구가 시작이 되었다. 이때부터 컴퓨터를 이용하여 '추론'과 '검색'이 가능하게 되었다. 특정 문제에 대한 해결책을 제시할 수 있게 된 것이 계기가 되어, 냉전 시대 미국에서는 자연언어 처리에 의한 기계 번역에 특히 주력을 하였다. 그러나 당시의 인공지능은 미로의 해결법이나 정리의 증명과 같은 간단한 가설의 문제를 처리할 수 없었고 다양한 요인이 얽혀있는 현실 사회의 문제를 해결할 수도 없었다.

실제로는 '인공지능'이라는 용어는 후에 인공지능의 선구자 중의 한 명인 John McCarthy가 1955년에 처음 제안하였고, 1956년 미국 다트머스 대학에서 개최된 인공지능 회의의 주제로 제안이 되었다.

인공지능 개발에서 다음에 나타난 중요한 진전은, Frank Rosenblatt에 의하여

1958년에 발명된 신경망(perceptron)의 개념을 이용한 알고리즘의 출현이다.

그러나 기계학습(machine learning)[1]이 실제 응용 프로그램에서 사용되기 시작한 것은 Cover 및 Hart에 의해서 1967년에 Nearest Neighborhood 알고리즘이 개발된 이후부터였다.

이러한 초기 실적 및 컴퓨터 기반의 급속한 발전에도 불구하고 많은 개념을 형식화된 공식적 이론으로 표현할 수 없었기 때문에 인공지능의 적용 범위는 한정되어 있었다.

Arthur Samuel은 1959에 머신 러닝을 '컴퓨터에게 명시적으로 프로그래밍을 하지 않고 학습할 수 있는 능력을 주는 연구 분야'라고 정의하였다. 기계학습은 문제에 대한 지배 방정식과 같이 문제 자체에 대한 명시적인 수학적인 모델을 제시하는 대신에 문제에 대한 규칙을 데이터로부터 찾는 알고리즘을 사용하는 것이다. 즉, 명시적으로 컴퓨터에 프로그래밍하는 것이 아니라 데이터로부터 규칙을 찾아서 알고리즘의 변수들을 튜닝(최적화)한 것이다.

2차 인공지능 붐은 1980년대부터 1990년대 후반까지의 기간에 일어났는데, 컴퓨터가 결론을 추론해 하기 위해 필요한, 인간이 이해하는 형태의, 다양한 지식 정보를 컴퓨터가 인식 및 이해할 수 있도록 변환하여 표현해 주는 '지식표현' 기반의 전문가 시스템이라는 인공 지능이 실용화되었다.

전문가 시스템과 관련된 수학적 모델링에 큰 돌파구가 만들어지면서 급속히 발전하여 여러 전문가 시스템(전문 분야의 지식을 이용하여 추론을 함으로써

---

1. '기계 학습'에서 기계(machine)는 영어에서 computer를 의미한다. 즉 machine learning은 computer learning을 의미한다.

   이 교재에서 기계학습과 머신러닝은 동일한 의미이기 때문에 혼용을 하여 같이 사용을 하였다.

그 분야의 전문가처럼 행동하는 프로그램)이 만들어졌다.

그러나 당시에는 컴퓨터가 필요한 지식 정보를 스스로 수집하고 축적할 수 없었기 때문에, 컴퓨터에 필요한 모든 지식 정보를 컴퓨터가 이해 가능한 형태로 표현된 지식데이터로 사람이 직접 변형하여 입력하는 것이 필요하였다. 그러나 세상에 있는 방대한 지식 정보를 모두 컴퓨터에 입력하여 준비하는 것은 불가능하였기 때문에 실제로 전문가 시스템을 적용할 수 있는 분야는 소수의 특정 영역으로 한정되었다.

또한 이 기간에 인공신경망(Artificial Neural Network) 기술도 점차 발전하면서 여러 분야에 더욱 많이 이용되기 시작하였다. 이 시기에 인공지능의 핵심 기술과 알고리즘들인 1981년의 설명 기반 학습(Explanation-Based Learning: EBL), 1986년의 역전파 알고리즘(back propagation), 그리고 1995년의 서포트 벡터 머신(Support vector machine: SVM)의 원리들이 개발되었다.

2차 붐에서 가장 잘 알려진 이정표 중 하나는 1996년에 IBM이 개발한 딥블루 체스 프로그램이 이듬해에 세계 챔피언을 누른 사건이었다. 컴퓨터 프로그램이 세계 선수권 수준의 게임에서 인간 선수를 이길 수 있었던 것은 상상할 수 없었던 놀라운 사건이었다.

이러한 성공에도 불구하고, 컴퓨터에 주입되는 지식 획득의 어려움 및 추론 능력에 관한 제약과 함께 인공지능 시스템 도입 비용의 증가로 인하여 다시금 인공지능의 침체기를 맞이하게 되었다.

3차 인공지능 붐은 2000년대 초부터 현재까지 계속되고 있다. AI가 당초 전망을 달성하기 시작한 것은 바로 이때부터이다. '빅 데이터(big data)'와 같은 대량의 데이터를 이용하여 데이터의 규칙성을 분석하여 지식을 획득하는 '기계

학습'이라는 형태의 인공지능이 이 시기에 실용화가 되었는데, 이는 지식을 구성하는 요소(특징)를 스스로[2] 습득하는 딥러닝(심층 학습이라고도 함)이 등장한 것이 중요한 계기가 되었다.

현재의 인공지능 연구에 가장 큰 영향을 준 이정표 가운데 하나는, 2006년에 최초의 강력한 고속 학습 알고리즘인 deep belief network에 관한 Hinton, Osindero 및 Teh의 연구이다. 이 논문은 일련의 숫자 이미지(MNIST)에서 숫자를 인식하고 분류할 수 있는 알고리즘에 관한 것이었다. 이후 2010년에 IBM Watson이라는 인공지능 프로그램이 Jeopardy 퀴즈쇼에서 인간 퀴즈 최고수들을 이긴 사건과 2016년에 AlphaGo가 프로바둑 세계 챔피언인 이세돌을 이긴 사건은 일반 사람들에게서 인공지능에 관한 큰 관심을 끌어내게 되었다.

이후에 현재까지 이르고 있는 이 시기에는 수집된 데이터의 폭발적인 증가 및 이론적인 알고리즘의 지속적인 소프트웨어 혁신 및 계산 능력의 지속적인 하드웨어 향상으로 인하여 인공지능은 여러 응용 분야에서 획기적인 발전을 이루게 되었다. 기계 학습 알고리즘의 성공과 함께 클라우드 컴퓨팅과 빅 데이터 분석 기술이 같이 개발되고 하게 된 것이, 인공지능이 보다 복잡한 지능형 시스템으로 발전을 하게 된 기폭제가 되었다.

인공지능은 현재 제4차 산업(Industry 4.0)의 핵심 기술 중 하나가 되었고 교통, 의료, 마케팅, 교육, 정부 서비스 및 기타 산업의 혁신의 원동력이 되고 있다.

표 1-1과 그림 1-1에는 인공지능의 역사와 발전 과정을 각각 보여주고, 표 1-2에는 인공지능 연구의 주요 이정표를 보여준다.

---

2. '스스로'라는 의미는 인간과 같은 관점이 아니고 컴퓨터의 알고리즘에 의하여라는 의미

표 1-1 인공지능의 역사(붐과 침체)

	AI 현황	주요 기술	주요 성과
1950년대	1차 AI boom 이후 침체	• 탐색, 추론 • 자연언어 처리 • Neural network • 유전자 알고리즘	튜링 테스트의 제시(1950) '인공지능' 표현의 등장(1056) 뉴럴네트워크의 퍼셉트론의 개발(1958)
1960년대			인공 대화 시스템 개발(1964)
1970년대			전문가 시스템 개발(1972)
1980년대	2차 AI boom 이후 침체	• 지식 베이스 • 음성 인식 • Data mining • Ontology • 통계적 자연언어 처리	5세대 컴퓨터 프로젝트(1982~92) 지식기술의 사이크 프로젝트 개시(1986)
1990년대			
2000년대	3차 AI boom	• Deep learning	딥러닝의 제안(2006)
2100년대			딥러닝 기술을 화상인식에 적용(2012)

표 1-2 인공지능 연구의 주요 이정표

연도	주요 사례
1950	Turing test
1952	Self-learning checkers-playing program
1956	Dartmouth conference
1958	Perceptron algorithm
1967	Nearest neighborhood algorithm
1979	Stanford Cart
1981	Explanation-Based Learning
1986	Back propagation, NetTalk
1989	Convolution neural network
1995	Support vector machine
1996	Deep blue
2006	Deep belief network
2010	IBM Watson
2016	AlphaGO
2022	GPT3
2023	GPT4(예정)

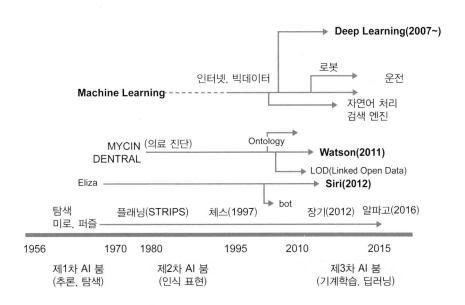

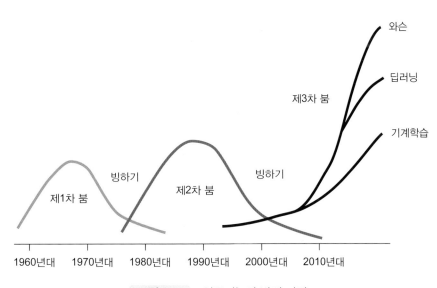

그림 1-1   인공지능의 발전 과정

표 1-3 인공지능 연구 분야에서 유명한 실적

주요 실적 및 연료	내용
 (2011년)	Watson은 자연어 형식으로 된 질문들에 답할 수 있는 인공지능 컴퓨터 시스템이며, IBM 최초의 회장 토머스 J. 왓슨에서 이름을 땄음. 왓슨은 과거 제퍼디 게임에서 500개의 단서를 받았고, 테스트에서 경쟁자인 사람들 중에서 최고득점자는 왓슨보다 절반의 시간만에 95%를 맞추었는데, 왓슨은 15%만 맞추었으나 2007년 IBM 왓슨 개발팀은 이 문제를 해결하여 2008년 개발팀은 제퍼디 챔피언과 겨룰 수 있는 수준으로 왓슨을 개량하였고, 2010년 왓슨은 인간 제퍼디 경쟁자를 이겼음
 (2013년)	Breakout 게임은 Atari사가 개발하고 출판한 아케이드 게임으로, 1976년 5월 13일에 출시. Bushnell과 Bristow에 의해 개념화 되었으며 1972년 Atari 아케이드 게임인 Pong의 영향을 받아 제작. High-Dimensional Sensory Input으로부터 Reinforcement Learning을 통해 Control Policy를 성공적으로 학습하는 Deep Q Learning Model을 이용. 이 모델은 변형된 Q-learning을 사용하여 학습. 게임을 학습할 때, 스크린의 픽셀 값들을 입력으로 받고, 각 행위에 대해 점수를 부여하고, 어떤 행동에 대한 결과 값을 함수를 통해 받게 됨. Atari의 2,600개가 넘는 다양한 게임을 학습시켜 성공적인 결과를 얻었음
 (2016년)	Sophia는 홍콩에 본사를 둔 Hanson Robotics가 개발한 소셜 휴머노이드 로봇. Sophia는 2016년 2월 14일에 처음으로 작동을 시작했고, 미국 텍사스 주 오스틴에서 2016년 3월 중순에 Southwest Festival (SXSW)에서 처음 공개. Sophia는 전 세계 언론에 의해 보도되었으며 많은 유명 인터뷰에 참여. 2017년 10월, Sophia는 사우디아라비아 시민이 되었고, 모든 국가의 시민권을 받은 최초의 로봇. 2017년 11월, 유엔 개발 프로그램 최초의 혁신 챔피언으로 지명되었으며, 유엔 타이틀을 받은 최초의 비인간

표 1-3 인공지능 연구 분야에서 유명한 실적(계속)

주요 실적 및 연료	내용
 (2016년)	알파고에는 심층신경망(DNN, Deep Neural Network)이 몬테카를로 트리 탐색(MCTS, Monte Carlo Tree Search)을 통해 선택지 중 가장 유리한 선택을 하도록 하는 알고리즘을 적용. 심층신경망은 정책망(policy network)과 가치망(value network)의 결합으로 구성. 정책망은 승리 가능성이 높은 다음 수를 예측하여 검색 범위를 좁히고, 가치망은 트리 탐색의 단계(depth)를 줄여 끝날 때까지 승률을 계산하여 승자를 추정함. 여러 계층(layer)으로 디자인된 정책망을 구성하고, 정책망 지도학습, 정책망 강화학습, 가치망 강화학습 단계를 거치는 기계학습

위에 예를 들은 IBM Watson은 2021년 보도[3]에 의하면 한정된 데이터로 학습한 결과, 의료 분야의 활용에서는 한계점을 드러내기도 하였다고 한다.

과거 2번의 붐에서는 인공지능(AI)을 실현할 수 있는 기술적 수준이 사회의 인공지능에 대한 기대 수준에 미치지 못하였기 때문에, 인공지능에 대한 붐이 지속되지 못했다고 평가되었다.

따라서 현재의 3차 붐에 대해서도 인공지능이 성공적으로 개발되어 실현될 잠재력이 있어 보이는 영역과 확실하게 실현될 것으로 전망되는 영역 사이에는 미묘한 차이가 존재함을 인식할 필요가 있다.

2020년에서 발표가 된 천억개 이상의 신경망 패러미터로 구성된 GPT-3 (Generative Pre-trained Transformer 3)는 인간과 유사한 텍스트를 생성하기

---

3. https://www.nytimes.com/2021/07/16/technology/what-happened-ibm-watson.html

위해 딥러닝을 사용 하는 자동 회귀 언어 모델로 자연어 번역 및 처리를 할 수 있는 인공지능이다. 자연어 처리에서 매우 뛰어난 성능을 보여주고 있지만 아직은 인간에 비하여 학습의 편견에 의한 부족함을 나타내기도 하고 GPT3 훈련에 소요되는 많은 전력 소비로 인한 문제점도 보여주고 있다.

또한 딥러닝(심층신경망 학습)으로 널리 알려진 심층 신경망 알고리즘도 매우 불투명(이론적 기반이 부족)하다고 알려져 있다[4]. 심층 신경망이 결정을 내리는 이유를 알아내기 위해 다양한 방법이 개발 되었지만 명확히 설득력 있는 방법은 아직 없다고 알려져 있다. 신경망이 점차 더 중요한 용도로 사용되고 있지만 신경망이 올바로 사용되고 있다고 확신을 할 수는 없는 이유이기도 하다.

60여 년 전 미국 MIT에서 'AI(Artificial Intelligence)'란 말과 개념이 탄생한 이래, 현재 여러 분야에서 실용적인 목적으로 인공 지능을 사용하고 있고, 향후 강력한 인공지능이 세상의 많은 부분을 변화시킬 수 있을 것이라고 예상하고 있기도 하다.

1.1.2 인공지능의 정의

인공지능을 정의하는 방법에는 몇 가지가 있다. ISO/IEC JTC는 '추론 및 학습과 같은 인간의 지능과 관련된 기능을 수행하는 모델 및 시스템을 다루 컴퓨터 과학의 한 학제적 분야'라고 인공지능을 정의를 하고 있다[5].

Alex Pentland(Director of MIT Media Lab)는 인공지능이라는 단어는 오해

---

4. https://medium.com/@patrickmartinaz/the-universal-approximation-theorem-is-terrifying-83a53acc4192
5. https://www.iso.org/committee/6794475.html

의 소지가 있다고 하였고, 확장지능(EI: Extended Intelligence)이라고 하는 것이 옳다고 한다. 그 이유는, 많은 사람이 인공지능에 대해 지나친 환상을 가지고 있기 때문이라는 것이다. 따라서 인공지능을 혁신기술로서 제대로 활용하기 위해서는 그 의미를 정확히 알아야 한다고 하였다. 인공지능은 '인공'이라는 단어 때문에 인간의 모습을 닮은 영화 '터미네이터' 혹은 '아이언맨'을 상상하는데, 실제로는 방대한 데이터를 가장 효율적으로 분석하는 도구라고 하는 것이 적절하다고 주장하고 있다.

Edge Intelligence의 White Paper에 따르면 인공지능의 '패턴 매칭, 학습, 문제 해결과 같은 능력은 인간 네 가지 기본 능력, 즉 감지, 이해, 행동 및 학습에 의해 나타난다고 하였다. '이해'라는 능력은 인간과 기계에게 각각 서로 다른 의미를 가진다. 일반적으로 모델이 기존 방법에 비해 더 잘 수행하는 방법을 학습하도록 훈련 시킬 수 있다고 하더라도, 인공지능 시스템이 자신의 주변 세계를 '이해하고 있다'고 말할 수는 없는 것이다.

인공지능을 그 수준에 따라 분류하면[6] 약한 인공지능(Weak AI or narrow AI)과 강한 인공지능(Strong AI)으로 나눌 수 있다.

약한 인공지능은 특정한 한 가지 작업만을 수행하고, 작업을 하는데 지능이 필요하지 않지만 겉으로 보기에는 지능적으로 일하는 것처럼 보인다. 예를 들면, 모든 게임 규칙과 움직임의 성공확률 계산식이 입력되어 인간을 이기는 포커 게임 기계와 같은 것이 약한 인공지능에 해당한다고 할 수 있다. 이를 위하여 약한 인공 지능은 필요한 모든 규칙과 지식들이 사전에 입력되어야 한다.

---

6. https://medium.com/@chethankumargn/artificial-intelligence-definition-types-examples-technologies-962ea75c7b9b

강한 인공지능은 실제로 인간처럼 생각하고 수행 할 수 있는 기계를 뜻하는데, 먼 미래에 실현될 강한 인공 지능의 구축에 약한 인공지능이 기여하게 될지도 모른다. 아직 이런 종류의 강한 인공지능은 개발되지 않았고 이에 대한 적절한 기존 사례는 아직은 다양한 SF 소설이나 영화에서만 볼 수 있다.

기능에 따라 인공지능을 분류를 하면, 반응성 머신(Reactive Machines), 제한된 메모리(Limited Memory) 시스템, 심리 이론(Theory of Mind) 유형의 머신, 자기 인식(Self-awareness) 형태의 머신 등을 들 수 있다.

반응성 머신(Reactive Machines)은, 인공지능의 초기 기본 형태 중 하나로서 1990년대 IBM 체스 프로그램과 같이 메모리가 없으며 미래의 행동을 위해 과거 데이터를 정보로 사용할 수 없는 기계를 의미한다.

제한된 메모리(Limited Memory) 시스템은, 과거 경험을 사용하여 미래의 결정에 정보를 줄 수 있는 기계를 의미한다. 자율 주행 자동차의 의사 결정 기능 중 일부는 이러한 방식으로 설계되어 있는데, 차선을 변경하려고 하는 차량을 탐지하는 작업과 같이 가까운 미래에 발생하는 행동에 관한 정보를 제공해 주는 관찰에 사용된다. 그러나 이 관측치는 영구적으로 저장되지는 않는다. Apple의 Chatbot Siri 같은 사례이다.

심리 이론(Theory of Mind) 유형의 인공지능은 사람들의 감정, 믿음, 생각, 기대를 이해하고 사회적으로 상호 작용할 수 있다. 이 분야에는 많은 개선이 있지만 이러한 종류의 AI는 아직 완전하지 않은 것으로 알려져 있다.

마지막으로 자기 인식(Self-awareness) 형태의 인공지능은 자체 의식, 초 지능, 자기 인식 및 지각이 있는데, 간단히 말해서 완전히 인간과 동일한 자아의식을 가진 인공 생명체라고 할 수 있다. 물론 이런 종류의 로봇은 아직 개발된 적은 없다. 만약 이러한 인공지능을 개발할 수 있게 된다면 AI의 역사뿐 아니라 인류 역사에서의 대사건 중 하나로 기록될 것이다.

현시점에서 인공지능을 보편성(generality)와 능력(performance) 측면에서 인간과 비교 하여 보면, 알파고와 체스 그리고 일부 비디오 게임과 같은 특정 분야에서 인공지능은 이미 인간의 능력과 동등하거나 초월하고 있다.

그러나 휴머노이드 로봇, 자율주행차, 번역과 같은 보편성이 요구되는 분야에서는 아직도 인간에 비하여 부족한 점을 보이고 있다. 따라서 인간과 동등한 레벨의 인공지능의 실현을 위해서는 더 시간이 소요가 될 것으로 예상되지만 언젠가는 인간과 동등한 수준의 보편성과 능력을 갖추게 될 것으로 예상할 수 있다.

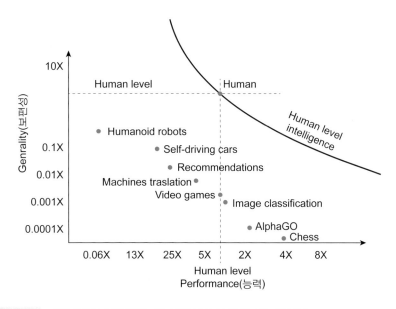

그림 1-2　　현시점에서 인공지능의 보편성과 특화된 성능의 비교

(출처 : Getting closer to human intelligence through robotics, youtube.com)

1.1.3 인공지능의 활용 분야

다음에는 인공지능이 현재 제조업을 중심으로 하는 산업계에서 어떻게 활용되고 있고 장래 전망은 어떤지 알아보도록 한다. 인공지능은 잠재적으로 거대한 시장을 가지고 있고, 현재 마케팅, 금융, 제조, 건강 관리, 공정 자동화 등의 산업에서 가장 많이 이용되고 있다. 고객 서비스 및 진단 시스템의 자동화 분야에서 인공지능의 비중이 가장 높지만 스마트 제조에서의 비중이 제일 높아질 것으로 예상되고 있다. 그림 1-3은 인공지능을 적용하고 있는 산업 분야와 업무 분야를 나타내고 있는데 이 가운데 기계공학과 크게 관련이 있는 분야는 초록색으로 표시했다.

인공 지능 기술이 비약적으로 발전하고 소요 비용이 지속적으로 감소하여 회사가 인공지능을 보다 쉽게 이용할 수 있게 됨에 따라, 인공 지능은 모든 산업 분야의 미래를 크게 바꿀 수 있는 기술로 진보하게 되었다.

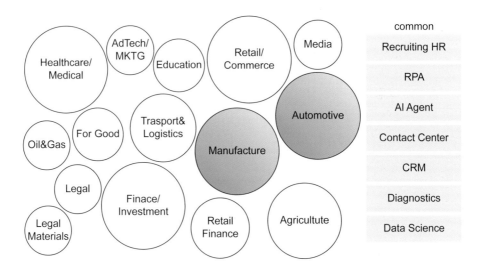

그림 1-3　인공지능을 적용하고 있는 여러 산업 분야와 기계공학 관련 분야

인공지능 기술을 이용하면 제조 과정에서 물건을 만드는 데 효과적일뿐만 아니라 더 좋고 저렴하게 물건을 만들 수 있게 되어 제조 산업에서 인공지능의 도입이 점차 증가하고 있다. 제조 산업에서 인공지능 기술을 적용하면 데이터 중심적인 신속한 의사 결정으로 제조 프로세스의 최적화와 운영 비용의 최소화 및 고객 서비스 방식을 획기적으로 개선을 할 수 있다.

그렇다고 해서 인공지능이 기계가 제조를 대신하게 한다는 의미는 아니고, 현재는 인간의 업무를 지원하고 보완하는 보조역할을 하고 있는 단계이다. 아직까지는 인공지능이 인간의 지능을 대체 할 수 없으며 예기치 않은 변화에 적응할 수 있는 능력도 없다.

인공지능은 현재 산업계에서 큰 관심과 주목을 받고 있고 앞으로도 많은 도입과 투자가 이루어질 것으로 예상된다. 어떤 작업의 결과에 대한 예측뿐만 아니라, 사회, 기업 활동 및 개인에 영향을 줄 수 있는 결정을 할 때, 인간의 활동을 지원하기 위해 더욱 정교한 알고리즘을 도입하여 있다.

제조업 부문에서 이전에는 인간의 숙련된 판단력 또는 의사 결정에 의존했던 분야에 인공지능 기술이 적용되는 비율이 점차 늘어나고 있다.

그림 1-4에는 각 분야에서 현재 인공지능의 적용과 장래 전망을 상대적으로 비교한 결과를 보여준다. 자동차와 제조업 분야에서 인공지능의 적용율은 다른 분야와 비교하여 매우 높음을 알 수 있다.

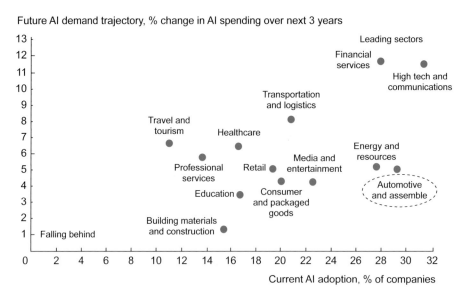

Future AI demand trajectory, % change in AI spending over next 3 years

그림 1-4 분야별 인공지능의 현재의 채택 및 장래의 수요 (출처 : mckinsey.com)

인공지능 기술을 새로운 친환경 소재 개발에 적용하여 에너지 효율을 최적화 함으로써 환경 개선에도 이바지할 수 있다.

전자 제품을 포함한 다양한 제품의 제조는 환경의 악화를 초래했다, 즉, 리튬-이온 배터리를 위한 니켈, 코발트 및 흑연 추출, 플라스틱 생산량 증가, 에너지 소비량 증가, 전자 폐기물의 발생 등으로 인한 환경 악화의 영향을 생각할 수 있다. 그러나 인공지능이 제조의 환경에 대한 악 영향을 줄이거나 심지어 역전 시킴으로써 제조를 변화시키는 데 도움이 될 수 있다. 예를 들어 Google은 이미 인공지능을 이용하여 데이터 센터에서 환경 개선 기술을 적용하고 있다.

인공지능은 제조업에서 발생하는 빅 데이터를 다양한 방법으로 활용하는 것을 가능하게 하고 있다. 제조업체는 운영 프로세스에서 수집된 방대한 양의 데이터를 인공지능으로 분석하여 비즈니스를 개선하는 데 유용한 통찰력을 얻을 수 있다. 공급망 관리, 위험 관리, 판매량 예측, 제품 품질 유지 보수, 리콜 문제 예측 등은 제조업에서 빅데이터의 좋은 활용 예들이다.

제품을 제조하려면 먼저 필요한 자원을 구입해야 하며 때로는 가격 변동이 심할 수도 있다. 이를 위하여 인공지능을 이용한 가격 예측 기법이 제조업 분야에서 많이 적용되고 있다.

현재 제조업 분야에서 적용되고 있는 인공지능의 주요 사례는 다음과 같다.

(1) 자율자동차에 적용된 인공지능 기술[7]

자율자동차에 가장 적합한 기술 방식에 대해서는 그림 1-5에 나타낸 바와 같이 계속 연구 중이다.

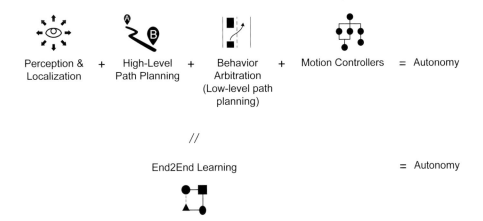

그림 1-5   자율 주행 차량의 AI 아키텍처에 대한 두 가지 주요 접근 방식 : 순차적인 계획-조치-작업 파이프 라인(위)과 End2End 시스템(아래)

7. 2020 Autonomous Vehicle Technology Report, Nexperia

기존의 가장 일반적인 기술은, 자율 주행 문제를 여러 하위 문제로 분해하고 컴퓨터 비전, 센서 융합, 현재 위치 파악, 제어 이론 및 경로 계획의 전용 기계학습 알고리즘 기술을 사용하여 각 문제를 순차적으로 해결하는 것이다.

최근에는 엔드-투-엔드(e2e) 학습이 점차 관심을 끌고 있다. 이 학습기술은 자율 주행을 위해 순차적인 다단계 구조의 인공지능 시스템을 개발하는 대신에 단순한 단일 시스템에 대규모 훈련 데이터를 전체적으로 적용한 심층신경망을 이용한 기술이다.

이 기술은 포괄적인 한 단계의 소프트웨어를 구성하여 센서 입력을 최종 출력인 운전 동작으로 직접 매핑한다. Convolutional Neural Networks(CNN) 또는 Reinforcement Learning과 같은 머신 러닝 알고리즘을 이용하여 구성할 수 있다.

현재 자율 주행차의 연구에서 다양한 응용 분야에 다양한 유형의 기계학습 알고리즘이 사용되고 있다. 기본적으로 기계학습은 제공된 대규모의 훈련 데이터에 기초하여 일련의 입력을 일련의 출력으로 매핑하는 것이다.

합성곱 신경망(CNN), 재귀 신경망(Recurrent Neural Network: RNN) 및 심층 강화학습(Deep Reinforcement Learning: DRL) 등이 자율 주행차 연구에 적용되고 있는 가장 일반적인 심층 학습(Deep learning) 알고리즘이다.

자율 주행차 연구에서 CNN은 주로 이미지와 공간 정보를 처리하는 데 사용된다. 관심이 있는 특징을 추출하고 주위의 환경에서 객체를 식별하는 합성곱 신경망은 컨볼루션 레이어들로 구성되어 있다. 컨볼루션 레이어는 이미지의 요소를 구별하거나 특징들의 레이블을 지정하기 위해 입력 데이터를 처리하는 필터들로 구성된다. 컨볼루션 레이어의 필터들의 출력은 이미지로부터 얻은 특징들을 올바른 최종 결과를 예측하기 위해서 이들을 결합하는 종합 레이어들을 거쳐 최종 단계의 요소에서 객체들로 분류하는데 사용된다. 예를 들면, 거리 표지판이나 다른 자동차와 같이 이미지의 객체들이 분류 될 수 있다.

RNN은 비디오와 같은 시간 정보로 구성된 데이터를 작업 할 때 필요한 알고리즘이다. 이러한 신경망에서 뉴런(neuron)의 출력이 다시 같은 뉴론에 feedback으로 입력되어 시간적 순차 정보와 그에 따른 지식이 신경망에서 학습되도록 하여 상황에 맞는 최종 정보를 제공을 할 수 있게 한다.

DRL은 딥러닝(DL)과 강화학습(RL)을 결합한 것이다. DRL 방법은 알고리즘이 정의한 에이전트가 보상 기능을 통해 가상 또는 실제 환경에서 목표를 달성하기 위한 최상의 행동이 무엇인지를 학습 할 수 있게 한다. 이러한 목표 지향 알고리즘은 여러 단계를 거쳐 보상을 최대화함으로써 목표를 달성하기 위해 주어진 환경에 대하여 어떻게 행동하는 것이 최선인지를 하게 한다.

심층 강화 학습은 자율 주행차 적용과 관련하여 아직 초기 연구 단계에 있고, 심층학습과 하이브리드로 결합하는 방식의 알고리즘을 사용하는 업체도 있다. 이 방식은 여러 방법을 함께 사용하여 정확도를 높이고 계산 요구를 줄이는 방식이다.

그림 1-6은 자율 자동차 연구를 위해서 화상 예측 및 비지도 학습을 위한 재귀 심층신경망(Deep convolution recurrent neural network)을 이용한 연구를 예를 나타내었다. 이러한 알고리즘을 이용하면 미래의 상황을 화상으로 예측을 할 수 있게 된다.

그림 1-6   RNN 알고리즘을 사용한 미래 예측 화상의 결과[8]

자율 자동차의 실용적인 보급은 여러 차례의 예상을 벗어나서 계속 지연되고 있다. 2022년 현재 여러 기업이 가까운 장래에 자율차를 실용화하는 어려울 것으로 예상하여 연구 개발을 중단한 것으로 알려져 있다. 인간의 개입이 없이 스스로 다양한 도로 환경에서 운전을 하는 자율 자동차보다는 운전 보조 기능의 개념이 현시점에서 더 적합하다고 할 수 있다.

(2) 화학 플랜트의 비용 최적화를 위한 증기량 수요 예측(2017년 현재)

중장기적인 전력 수급 대책과 에너지 절약 대책에서 공장의 에너지 효율 개선은 중요한 과제 중 하나이다. 최적화 된 플랜트의 운전 방법을 미리 결정하는 시스템 개발을 위해 화학 플랜트에서 미래의 증기(steam) 수요량의 변화를 예측하는 모델을 구축하였다. 이러한 예측 모델은 기계 학습을 이용하여 개발되었고 공장의 에너지 절감 및 생산 효율의 최적화에 기여할 수 있다.

---

8. https://coxlab.github.io/prednet/

업체는 장래의 증기 및 전력량의 변화를 예측해서 최적화된 운전 방법을 미리 결정하는 시스템을 구축하였고 이를 위한 업무 프로세스 예측에 기계 학습 등 다양한 분석 방법을 적용하였다. 이를 위해서 공장의 가동 및 휴무 실적 데이터와 증기의 사용 실적 데이터의 관계를 분석하고 학습함으로써 미래의 증기 수요량을 예측하는 모델을 구축하였다.

(3) 기기 고장 예측에 의한 유지 보수 효율성 향상

과거의 고장 정보 및 관련 로그를 기반으로 가까운 장래에 실패할 가능성이 있는 기기 및 부품을 예측할 수 있다. 고장 가능성이 높은 것에 대해서는 사전에 수리 또는 교체 등의 대책을 실시하여 서비스에 미치는 영향을 최소화할 수 있다.

또한 긴급한 대응의 빈도가 낮아져 해당 비용을 절감할 수 있다. 고장 예측에 의한 서비스 품질의 효율성과 품질을 향상시킬 수 있고, 센서 로그를 분석하여 물건이나 사람의 상태나 움직임을 가시화하고 업무 프로세스의 개선을 위한 특징을 파악하고 미래 예측 등을 제공하도록 하였다. 건설기계 분야에서 적용하고 있는 ICT 기술을 이용한 장비의 원격 관리의 예를 들수 있다.

(4) 운전자의 운전 성향에 따른 연비 개선 가능성 확인

택시 사업에서 차량의 연료비는 경제적 효과가 매우 크다. 이를 위해서 경제 운전을 하도록 하기 위해서 연료비를 인공지능을 이용하여 분석하였다. 운전 이력 데이터에서 연비가 나쁜 운전을 자동으로 식별하고 연비가 좋은 운전을 하도록 적절한 지도를 실시하는 방식을 수행하였다.

일반 운전에서 수집한 차량 주행 로그 데이터 및 매일 주행 데이터를 통합하고 분석하는 클라우드 환경을 구축하고 정보를 분석하였다. 운전자나 차량 등의 상태에 따라 어느 정도 연비가 영향을 받는지를 파악하기 위해 데이터를 시각화하여 관계나 특징을 추출하여 검증하였다.

이러한 분석 작업을 위해 운전 패턴을 클러스터링하고 각 클러스터별 운전의 좋고 나쁨을 판정하는 채점 작업을 실시하여 운전자가 연비 개선의 여지가 있는 운전을 하고 있는지 예측하는 모델을 개발하여 활용하였다.

(6) 인공지능을 활용한 도로 보수 업무의 효율화[9]

최근 몇 년간의 심층 학습(deep learning) 등의 기술 발전에 따라 고급 이미지 인식이 가능하게 되었고, 스마트 폰의 카메라 기능이 고정밀화하고 있는 것을 이용하여 도로 및 건물 등의 노후로 인하여 발생하는 문제를 인공지능을 이용하여 해결하는 연구를 수행한 결과를 그림 1-7에 나타내었다.

 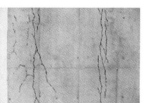 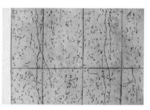

| 촬영한 화상 | 인공지능을 이용한 자동 검출 결과(정확도 80%) | 기본 기술에 의한 검출 (정확도 12%) |

그림 1-7 인공지능을 활용한 도로 보수 연구 예[8]

기계학습의 하나인 지도학습(supervised) 알고리즘과 심층 학습에 의해 노면 손상을 실시간으로 탐지함과 동시에 랜덤포레스트(random forest) 알고리즘을

---

9. http://www.toshi.or.jp/app-def/wp/wp-content/uploads/2017/10/reportg28_5_2.pdf

이용하여 자동 도로 유지보수관리 시스템을 연구한 결과, 일반적인 스마트 폰만을 이용하여 80% 이상의 노면 손상 검출율(진양성률)을 얻었다.

(7) 인공지능을 활용한 인플루엔자 바이러스 센서 개발[10]

인공지능과 나노 기공 센서를 이용하여 인플루엔자 바이러스를 1 개 수준에서 탐지할 수 있는 나노 바이오 소자를 개발한 사례(2019년)(그림 1-8)가 있다.

인플루엔자 바이러스와 약한 상호 작용을 나타내는 나노 기공 센서에 적합한 펩타이드(peptide) 프로브를 합성하여 기존의 측정에서 문제가 되었던 기공에서 트랩을 해소하고, 나노 포어 방법을 이용하여 인식 대상물이 통과 할 수 있도록 하였다. 또한, 금 박막으로 제작한 나노 세공(나노 포어)를 개발하였다.

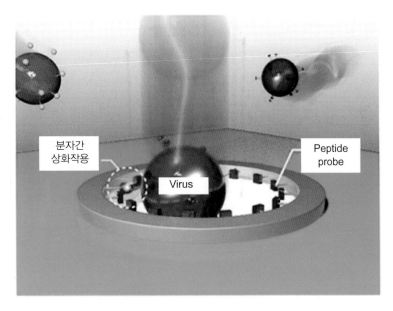

그림 1-8　　인공지능을 활용한 인플루엔자 바이러스 센서 개발 개념도[9]

10. https://monoist.atmarkit.co.jp/mn/articles/1902/04/news045.html

내벽에 펩타이드 프로브를 고정하고 나노 포어를 통과하는 이온 전류를 측정하는 나노 포어 법을 이용하여 단일 바이러스 입자를 검출하는 것이 가능하게 되었다. 기계 학습에 의한 패턴 인식 기술을 이온 전류 신호 분석에 응용하여 인플루엔자의 유형 판정이 가능하게 되었다.

다음에는 자동차 제조업, 중공업(에너지 플랜트, 우주 항공, 선박, 철도) 분야, 식품 및 음료제조업, 화장품 및 일용품 제조업, 금속 제조업 및 화학 공업 등 분야에서 인공지능의 활용 사례를 알아보도록 한다.

기계학습에서 데이터의 이해와 분석이 매우 중요하듯이 산업계에서 인공지능을 활용하기 위해서는 각 산업 분야에서 업무의 특성을 잘 파악하고 분석하는 것이 중요하다.

(8) 자동차 제조업에서 인공지능 활용 사례

자동차 제조업 분야에서 영업 업무의 특징은, 차량의 판매는 대리점을 통해서 이루어지고, 몇 년에 1대를 구매하는 등 구매 빈도가 매우 낮다는 것이다. 과거에 차를 구입 한 고객의 매매 패턴을 분석하는 매매 예측을 하여 새로 출시된 차를 추천하고 타사로 옮겨 갈 가능성이 높은 고객을 추정하여 이탈 고객의 발생을 방지하는 등의 영업 활동을 한다. 또한 차량의 판매와 동시에 정비 등의 사후 관리 서비스를 제공하고 보험 등의 상품을 판매할 수 있다. 고객별로 분석된 성향에 따라 추가로 다른 상품이나 서비스를 추천을 한다.

자동차 제조업에서 연구 개발 업무의 특징은 자율 운전을 위한 기술 개발을 많이 수행하고 있다는 점이다. 주변 상황을 카메라나 라이다로 인식하여 위험 가능성을 인지하는 사고 예측을 인지하는 기술도 필요하다. 이 기술은 현재도 자동 브레이크 제어 및 고속도로 주행시의 차선 추종에 사용되고 있다.

또한 차체의 이상을 사전에 미리 인지하여 사고에 앞서 정비를 받도록 추천하는(차체 이상 인지) 기술의 개발과 졸음이나 음주 등 운전자의 이상을 인지하는 기술 등의 개발도 예상(운전자 이상 인지)되고 있다. 이러한 이상 인지의 결과를 인공지능 스피커로 운전자에게 음성으로 전달하여 사전에 경고하는 것도 가능하다. 인공지능 스피커는 다른 업체와 제휴하여 공조, 오디오 조작, 일기예보의 검색 등 여러 용도를 활용될 수도 있다.

자동차 생산 업무의 특징은 부품업체로부터 납품 받은 부품들을 최종적으로 조립 공정에 의해서 완성차로 조립한다는 점이다. 수요 예측에 의해 생산 대수를 조절하고 이를 기반으로 부품 발주를 최적화하여 부품의 재고를 최소화하고 있다. 또한 화상이나 센서 데이터을 이용하여 품질 검사 및 불량품 검출을 효율적으로 할 수 있다.

애프터 서비스 업무의 특징은, 고객이 차량을 구입한 후 주기적인 정기 검사 및 정기 정비에 의해 장기간 고장이 없는 차량 상태를 유지하는 것이 필요하다는 것이다. 이를 위해서 열화 시기를 예측하여 정비 시기를 최적화한다.

(9) 중공업(에너지 플랜트, 우주 항공, 선박, 철도) 분야에서 인공지능 활용 사례

에너지 및 플랜트 분야의 특징은, 발전소 및 석유화학 플랜트에서는 고온 및 고압이 되는 경우가 많기 때문에 고장이 중대한 사고로 연결될 가능성이 높다는 점이다.

따라서 이상 센싱, 각 부위의 수명 예측을 통해 교환 계획이 수립된다. 이상 센싱에서는 유량 센서 및 온도 센서 값으로 정상 여부를 조사하고, 진동 센서 및 음향 센서 등의 값을 이용하여 접합부의 이상 여부를 조사한다. 수요 예측을 기반으로 운전 계획의 결정과 연소 온도 자동 제어가 필요하다.

우주 분야의 특징은, 인공위성 및 우주선 등에서는 이상 상태를 사람이 조사하는 것이 불가능하기 때문에, 이상 센싱 및 자동 점검을 수행하여 장치들이 정상인 상태를 유지할 수 있도록 해야 한다. 이상이 발생하게 되면 이상 위치를 추정하는 것이 중요하다. 무인 조사선, 우주 쓰레기 측정 등을 수행하는 우주 장비들에도 화상 인식 등의 기술들이 활용된다.

항공 분야의 특징은, 항공기에 요구되는 안전성이 매우 높기 때문에, 강도 예측, 품질 검사 등에 주의를 기울여 안전성을 확보하고, 항공기가 공항내를 주행할 때, 장애물을 검출하고 조류 충돌을 방지하는 등의 안전 강화 작업들에 필요한 이상 센싱에도 인공지능 기술이 활용된다.

선박 분야의 특징은, 선박은 장기간 운행하기 때문에 열화 센싱 등의 설비 보전 방안이 필요하다. 또한 기상에 따라 운행 계획을 변경할 때, 연료 소비 추정에 기반하여 에너지 절약을 위한 항로 최적화를 수행한다. 운행중인 해로 상에서 다른 선박들과의 충돌을 방지하기 위한 충돌 자동 제어도 선박 분야에서 필요하다. 이 들 분야에 인공지능 기술이 활용될 수 있을 것이다.

철도 교통 분야는 자동 운전화를 추진하여 이미 실용화 되었다. 또한 무엇보다도 승객수가 압도적으로 많기 때문에 승객 관리 및 범죄 예방을 위한 인공지능 기술이 중요하다.

(10) 식품 및 음료 제조업에서 인공지능 활용 사례

식품 및 음료 제조업 분야에서 홍보 업무의 특징은, 소비자의 평판이 SNS 등에 소개되는 경우가 많기 때문에 TV 시청율 분석 및 맛의 평판에 대한 분석 (SNS 분석)이 필요하다는 점이다. 또한 시음회 및 스포츠 대회와 연동한 이벤트를 기획하는 경우가 많기 때문에 이러한 이벤트에 참석하는 입장객의 수를 추정하거나 이벤트의 반응도를 높이기 위한 기획에 데이터 분석을 활용할 필요가 있다.

이 분야에서 상품개발 업무의 특징은, 식품 및 음료의 상품을 개발할 때 조리법을 검토하고 원재료를 변경하고, 맛이나 기능성 등을 평가한다는 점이다.

영양의 평가 또는 맛, 냄새 등의 감응 평가에서는 과거의 평가 데이터와 평가자의 평가 결과의 편차를 분석(감응 평가, 영양 평가)한다. 또한 만화영화나 스포츠 이벤트 등과 제휴하여 상품을 개발하는 경우가 많아 제휴 효과에 의한 매출 상승 효과를 분석하여 제휴 효과를 추정하는 경우도 있다.

원재료 조달 업무의 특징은, 식품 및 음료의 원료는 대부분 수입되는 경우가 많은 점이다. 이러한 원료는 생산량 및 가격의 변동성이 크기 때문에 원가를 예측하여 조달 계획을 최적화하는 것이 필요하다.

이 분야에서 식품 및 음료 제조 업무의 특징은, 이물질의 혼입을 검사하기 위한 불량품 검출 및 혼입 방지, 수요 예측에 기반한 생산 계획 최적화 및 원재료 자동 발주 등의 업무에서 전형적인 인공지능 데이터 활용이 필요하다는 점이다.

식품 및 음료의 물류 업무의 특징은, 유효 기간 및 맛의 열화를 고려하여 물류를 빨리 진행하는 것이 중요하고, 냉장 및 냉동 상태로 운송하는 경우가 빈번하기 때문에, 로봇 등에 의한 창고 업무 효율화 및 팰렛 또는 트럭의 적재 최적화 업무를 효율화하는 것이 필요하다. 영업 및 판매 촉진 업무의 특징으로는 자동판매기 상품 및 상권의 분석이 중요하다는 점이다.

(11) 화장품 및 일용품 제조업에서 인공지능 활용 사례

화장품 및 미용용품 제조 분야에서 홍보 업무의 특징은, 자신의 신체 상태에 맞춰 적절한 효과를 갖는 상품을 구입할 필요가 있기 때문에 미용 카운슬링 및 헬스케어 지원이 가능한 상품을 추천하는 챗봇이 도움이 된다는 점이다.

이 분야에서 상품기획 및 판매기획 업무의 특징은, 판촉용의 캠페인 이벤트 기획을 수행한 후 그 효과를 분석하는 것이 필요하다는 점이다. 또한 설문조사 분석, SNS 분석을 수행하여 세트 상품 등을 기획하기도 하고 구매자의 구입 회수 사이클을 분석하여 용량을 조정하는 포장 기획도 중요하다. 장기적으로는 정기 구독 구입을 장려하고 상품에 대한 고객 충성도를 향상시키기 위해서 고객에게 꼭 필요한 상품을 추천하고 고객의 이탈을 방지하기 위한 이탈 분석 등을 하는 것이 필요하다.

이 분야에서 제조 업무의 특징은, 식품 제조업과 유사하게 수요 예측에 기반을 둔 생산 계획의 최적화를 수행하고 품질 평가 등의 데이터를 품질 향상을 위해 이용한다는 점이다. 또한 상품에 따라서 고온의 열이 발생하거나 가스를 발생시키는 공정이 있기 때문에 설비의 이상 여부를 측정하여 안전을 확보하는 것도 필요하다.

물류 업무의 특징은, 일용품은 크기, 색, 냄새 등에 따라 종류가 많고 재고 과다가 되어 창고 공간이 부족하거나 재고를 처분하는 등의 폐기 처리해야 하는 등의 문제가 발생될 수 있다는 점이다. 따라서 수요 예측에 기반을 둔 재고 관리의 효율화가 중요하고, 창고 내 배치를 최적화하고 및 창고 업무의 효율화를 수행하는 것이 중요하다.

이 분야에서 소매 판매 업무의 특징은, 화장품은 특히 백화점 내 또는 쇼핑몰에서 판매점을 두어 체험을 포함한 대면 판매를 수행하고 있는 점이다. 점포에서는 가상 화장 등 화장품 고유의 판매 방법을 추진하고 있고, 매장에서의 진열 방법도 매우 다양하기 때문에 진열 방법의 최적화, 가격 설정, 재고 관리, 자동 발주 등의 업무 자동화 및 효율화가 중요하다.

(12) 금속 제조업 및 화학 공업에서 인공지능 활용 사례

금속 제조업 및 화학 공업 분야의 생산 업무의 특징은, 생산 공정에서 고온과 고압이 발생하는 경우가 있어 안전 관리 및 설비의 점검 등에 주의할 필요가 있다는 점이다.

이를 위해서 데이터에 기반을 둔 설비 이상 측정 및 설비의 열화 예측 등이 필요하고, 고온, 가스, 분진 등의 영향으로부터 직원의 건강을 보호하기 위한 관리가 중요하다. 생산 공정 전체의 생산 시간을 분석하고 품질 악화 원인 분석을 위한 이물질 혼입의 측정 및 품질 관리를 화상 해석으로 수행하는 것이 가능하고, 열병합 발전 등의 분야에서는 설비들이 열을 발생시키는 경우가 많기 때문에 에너지 최적화를 추진하는 것이 필요하다.

금속 제조업 및 화학공업은 식품 등과 달라 유효 기간을 하루 단위로 하지는 않지만 다품종화를 추진함에 따라 생산계획 및 재고 관리가 어려워지는 측면이 있기 때문에 데이터를 기반으로 한 수요 예측 및 재고 최적화가 필요하다.

이 분야에서 재료 및 설비 조달 업무의 특징은, 원재료 및 제품을 선박으로 수송하는 경우가 많기 때문에 기상의 영향을 받기 쉬워서 수송 상황을 가시화를 하고 수송량의 예측 및 수송 시간의 예측에 기반을 둔 배선의 최적화가 필요하다는 점이다. 또한 원재료의 조달 가격이 변동하게 되면 시장의 가격을 예측하여 조달량을 결정하는 것이 필요하다.

이 분야에서 연구 개발 업무의 특징은, 분자 구조를 기반으로 한 새로운 특성의 소재를 탐색하거나 열을 가하는 등의 생산 조건에 기반을 둔 소성 및 품질의 변화를 조사하는 것이다. 지금까지는 이론에 따라 대량의 실험을 수행하여 신소재를 개발하였으나 이러한 실험 데이터의 축적을 기반으로 하여 신소재 개발의 최적화를 위해 그 동안 시도해보지 않았던 화합물 및 금속의 특성과 적절한 생산 조건을 추정하는 등의 시도를 하고 있다. 데이터를 기반으로 한 신소재 개발의 추진이 확대될 것으로 예상하고 있다.

가까운 장래에 인공지능 기술을 적용하여 실용화 될 수 있는 분야로는 다음과 같은 분야들이 예상되고 있다.

스마트 홈 분야에서는 온도, 조명, 보안, 안전 또는 오락 등의 기능을 제어하고 자동화 및 최적화를 위한 연결 제품을 갖춘 주거 환경을 만들 수 있다.

스마트 제조 분야에서는 제조 프로세스 및 데이터 분석을 모니터링 하여 제조 업무를 개선하기 위해 인터넷으로 연결된 기계 장비를 사용하는 방식을 적용하고 있다.

스마트 교통 분야에서는 교통 문제를 개선하고, 정체, 사고 또는 공해 등의 잠재적인 악영향을 감소시키기 위해, 자가용, 대중 교통, 배달 차량, 긴급 서비스, 주차장 등을 통합하고 자동화하는 방식을 적용하고 있다.

스마트 에너지 분야에서는 신재생 에너지를 생산하는 인프라의 생산 효율화를 추구하고, 에너지를 소비하고 인프라를 이용하는 사용자의 만족도를 향상시키기 위해 정보 통신 기술(ICT)을 사용하여 에너지 시스템을 통합하고 조정한다. 이를 통해 지속 가능한 양질의 에너지 서비스 시스템과 비용 효율적인 에너지 시스템을 동시에 구축할 수 있다.

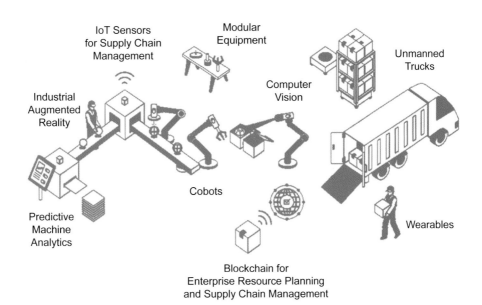

그림 1-9　제조업에서 인공지능 기술의 활용 개념도 (출처 : http://www.ulalalab.com/)

그림 1-9에 제조 공정에서 인공지능 기술의 활용 예를 나타내었다.

따라서 기계공학과 관련 분야 및 인접 분야에서 인공지능 기술의 현황을 이해를 하고 앞으로 기술 발전의 방향을 잘 이해하는 것이 필요하다.

인공지능의 적용 사례를 구체적으로 이해하기 위해서는 어떤 데이터를 사용했고, 어떤 알고리즘, 하드웨어 및 어떤 컴퓨팅 인프라를 사용했는지를 이해하는 것도 필요하다.

그러나 인공지능은 환경 자원의 고갈, 인구의 증가와 고령화, 그리고 빈곤 퇴치 등 가장 시급한 인류의 여러 문제를 해결하는 데 도움이 될 가능성이 있는 반면, 인간이 결정을 내리는 데 기계의 사용이 증가하고 있다는 점은 많은 위험과 위협의 가능성도 낳고 있다. 앞으로는 인공지능은 인공지능의 표준화 및 적합성 평가 기준의 마련 및 도입도 중요할 것으로 예상되고 있고 유럽에서는 인공지능의 공정 사용의 의무를 2022년에 법제화[11]하기도 하였다.

또한 노동력에 대한 인공지능의 영향이 사회에 잠재적인 위협이 될 수도 있고, 고용 시장이 점차 다양화하게 되어 사회적 긴장 관계가 생길 수도 있다. 따라서 기업가, 정부 및 정책 결정자가 인공지능을 이해하고 신중하게 대처해야 할 필요성이 높아지고 있다. 인공지능과 관련된 안전, 보안, 신뢰성(공정성) 및 윤리적인 측면에 대한 고려가 더욱 제도적으로 필요한 시점이 되고 있다. 이는 세계의 모든 사회가 공통적으로 직면한 문제이고 인공지능을 공부하는 기계공학도도 공학과 관련된 사회 문제들과 무관하지 않기 때문에 지속적인 관심을 갖는 것이 중요하다.

(13) 딥러닝을 이용한 팔레트의 홀 위치 인식 연구 사례[12]

물류 산업의 무인화 및 지능화 추세에 따라서 팔레트 홀과 같은 사물의 폭과 높이 및 이로부터 팔레트 홀의 중심 위치를 계산하기 위해서 딥러닝을 이용한 연구가 수행된 바가 있다. 팔레트의 각 부분을 클래스로 구분하고 딥러닝을 이용하여 CNN 신경망(YOLO[13] 알고리즘)을 학습시켰고, 이를 이용하여 검출된 팔레트의 화상 좌표를 이용하여 팔레트 홀의 중심 위치를 ±5 mm 이내의 정확도로 인식할 수 있다. 이와 같은 연구 결과를 이용하여 무인 지게차에서 팔레트와 같은 사물의 위치를 인식하고 위치를 추정하는 것이 가능하게 된다.

---

11. https://digital-strategy.ec.europa.eu/en/events/aligning-european-initiatives-fair-artificial-intelligence
12. 인하대학교 기계공학과 스마트파워트레인연구실(http://splab.inha.ac.kr/)
13. https://pytorch.org/hub/ultralytics_yolov5/

그림 1-10　　딥러닝을 이용한 팔레트의 홀 위치 인식 연구 사례[12]

(14) 정밀의료에 딥러닝을 이용한 디지털트윈 기술 활용 연구 사례[14]

정밀의료란 환자마다 다른 유전체정보, 생활 습관, 환경적요인등 종합적으로 분석하여 최적의 치료방법을 제공하는 의료 서비스이다. 최근에는 환자 중심의 안전하고 질 높은 정밀 의료에 대한 수요가 증가하고 있다. 환자의 의료 이미지와 Convolutional Neural network를 기반으로 한 머신러닝기술을 사용하여 가상공간에 환자의 장기, 혈관, 심장을 동일하게 재건하는 디지털 트윈기술이 개발된 바 있다. 미국, 유럽, 영국 등의 선진국에서는 가상 심장에 전산유체역학 기술을 접목하여 혈류의 원활도를 가상공간에서 구현하고, 그 결과를 가지고 심혈관질환을 진단하는 검사법이 임상에서 최근 도입되어 사용되고 있다. 또한 진단뿐만 아니라 가상 공간에서 다양한 시나리오로 가상 수술 구현도 가능하여 임상예후를 예측할 수 있어 임상의가 수술 전략을 세울 때나 치료법에 대한 의사 결정이 필요할 시에 도움을 주는 보조 역할을 할 수 있다.

14. 인하대학교 기계공학과 바이오유체공학연구실(http://bioflow.inha.ac.kr/)

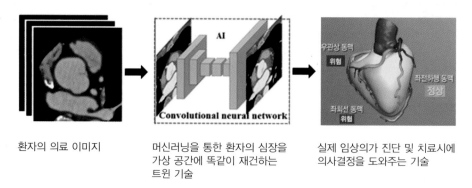

환자의 의료 이미지   머신러닝을 통한 환자의 심장을   실제 임상의가 진단 및 치료시에
                         가상 공간에 똑같이 재건하는   의사결정을 도와주는 기술
                         트윈 기술

그림 1-11   머신러닝기반 디지털트윈 정밀의료 관련 연구 사례[14)]

(15) AI기반 유체공학 연구 사례[15]

유체의 흐름, 특히 난류유동은 매우 복잡한 현상을 나타낸다. 이는 유체의 지
배방정식인 Navier-Stokes equation의 비선형성 때문이다. 인공지능을 이용하
게 되면 복잡한 유체흐름이 포함하고 있는 패턴을 추출할 수 있으며, 이를 공
학적으로 이용할 수 있다. 예를 들어, 비정상 유체흐름을 예측하는 인공신경망
을 개발하여 태풍의 경로를 예측할 수 있고, 유체의 흐름이 표면을 지나며 유
발하는 항력을 모델링함으로써 선박의 표면이 거칠어질 때 증가되는 유체항
력을 예측할 수 있다.

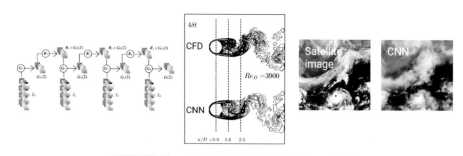

그림 1-12   머신러닝기반 유체공학 연구 사례[15)]

15. 인하대학교 기계공학과 데이터기반유체공학연구실(http://ddfe.inha.ac.kr/)

1.2 머신 러닝

1.2.1 머신 러닝(기계 학습)의 의미

인공지능(Artificial Intelligence)은 기계나 컴퓨터가 인간의 지적 활동을 흉내 낼 수 있도록 하는 모든 기술을 의미하고, 이 가운데 기계학습(Machine Learning)은 기계나 컴퓨터가 학습 과정을 거쳐 목적하는 기능을 향해 점차 개선해 나아가도록 하는 모든 기술을 의미한다. 특히 주어진 데이터로부터 규칙을 찾는 것이 중요한 목적이다.

딥러닝(Deep Learning)은 다계층(심층) 인공 신경망(multi-layered neural network)을 이용하여 기계학습을 하는 기법을 의미를 한다. 그림 1-13에 인공지능과 기계학습 등 인공지능의 단계를 나타내었다.

이와 같은 인공지능의 각 구분의 의미를 나타내면 표 1-4와 같고, 범위에 따라 인공지능 ⊃ 기계학습 ⊃ 신경망 ⊃ 심층신경망과 같은 부분 집합 관계를 갖는다.

컴퓨터(기계, machine)가 데이터를 학습(learning)을 하여 숨겨진 규칙 등(수학적 또는 비수학적 모델)을 찾아내는 것이 기계학습(machine learning)이다. 기계학습의 장점은 인간이 발견하기 어려운 모델을 발견하여 단순한 룰로 결정하기도 하지만 이 보다는 정확도가 높은 예측 또는 분류를 할 수 있다는 점이다. 기계학습의 단점은, 데이터의 준비 비용, 시스템의 테스트 비용 그리고 본 시스템의 구축 비용이 크게 소요 된다는 점이다.

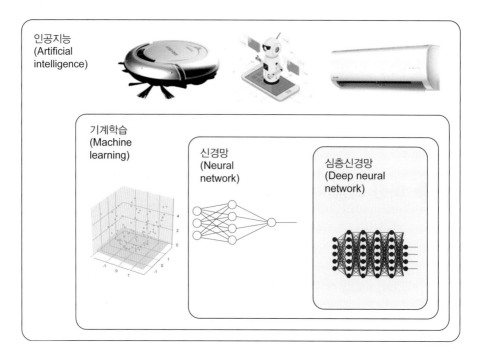

그림 1-13 인공지능의 구분과 알고리즘

표 1-4 인공지능의 단계를 구분하는 용어

용어	의미
인공지능(Artificial intelligence)	• 컴퓨터에 인간과 같은 지적 활동을 하도록 하는 것 • 스마트 가전, 스마트 폰 등
기계학습(Machine learning)	• 많은 데이터로부터 컴퓨터를 이용하여 규칙을 찾아내는 것 • 여러 가지 알고리즘이 있음
신경망(Neural network)	• 기계학습 알고리즘의 하나 • 인간 뇌의 구조를 모방하여 정보를 처리하는 구조
심층신경망(Deep neural network)	• 신경망을 발전시킨 것 • 기계학습 알고리즘의 하나 • 현재 제일 주목을 받고 있는 기술

기계학습은 알고리즘에 따라 다음과 같이 구분된다.

(1) Supervised learning(**지도 학습**)은 제일 많이 보급이 되어 있는데, 정답
(또는 레이블)이 있는 훈련 데이터를 분석하여 모델을 확정하고 이를 이용
하여 미지의 데이터의 식별, 분류, 예측을 수행하는 것이다.

(2) Unsupervised learning(**비지도 학습**)은 정답이 없는 데이터를 이용하여
데이터의 성질을 파악하고 이를 기초로 하여 예측, 식별, 분류를 하는 것으
로 데이터의 준비는 쉽지만 기계학습 수행은 쉽지 않다.

(3) Reinforcement learning(**강화 학습**)은 시행착오를 통하여 '가치를 최대화
하는 행동'을 학습하는 것이다.

이와 같은 지도학습, 비지도학습, 강화학습으로 구성된 기계학습을 분류하면
그림 1-14와 같고 세 가지가 완전히 별개가 아니고, 지도 및 비지도 기술을 같
이 사용하는 반지도학습과 같이 경계가 명확하지는 않고 서로 겹치는 부분도
있다.

기계학습에 사용되는 데이터가 갖고 있는 특징(속성, feature)을 특징 변수라고

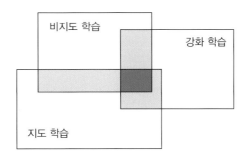

그림 1-14   기계학습의 분류

하기도 하고, 데이터로부터 특징 변수을 찾는 방법에 따라 구분을 하면 그림 1-15와 같이 나눌 수가 있다.

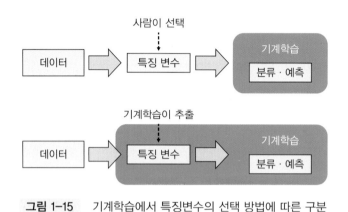

그림 1-15　기계학습에서 특징변수의 선택 방법에 따른 구분

1.2.2 지도 학습

지도 학습(Supervised Learning)은 레이블(label)이 있는 훈련 데이터(training data)로부터 관계(함수)를 유추해내기 위한 머신러닝의 한 방법으로, 훈련 데이터는 일반적으로 속성(feature) 벡터 형태로 표시된다. 각각의 벡터에 대해 원하는 결과 또는 레이블이 무엇인지를 출력하는 것이다. 유추된 함수 중 연속적인 값을 출력하는 것이 회귀분석(regression) 알고리즘이고, 주어진 입력 벡터가 어떤 종류의 값(레이블)인지 출력하는 것이 분류(classification) 알고리즘이다.

지도 학습기(supervised learner)가 하는 작업은 훈련 데이터로부터 학습한 모델을 사용하여 레이블을 모르는 주어진 데이터에 대해 그 값을 올바로 추측하는 것이고, 이 목표를 달성하기 위해서는 학습기가 '알맞은' 방법(algorithm)을 이용하여 기존의 훈련 데이터에서는 나타나지 않던 상황까지도 일반화

(generalization)하여 처리할 수 있어야 한다.

지도 학습 알고리즘으로는 Support Vector Machines(SVM), linear regression, logistic regression, naive Bayes, linear discriminant analysis, decision trees, k-nearest neighbor algorithm, Neural Networks(Multilayer perceptron), Similarity learning 등이 있다.

1.2.3 ▶ 비지도 학습

Unsupervised Learning은 레이블이 없는 데이터 세트에서 이전에는 감지되지 않았던 패턴을 찾는 기계 학습을 의미한다. 일반적으로 사람이 레이블링을 한 데이터를 사용하는 지도 학습과 다르게 입력에 대한 확률 밀도를 모델링 한다.

비지도 학습에 사용되는 두 가지 주요 방법은 Principal component analysis(주성분 분석) 및 Clustering(군집) 분석이다. 그 중 군집 분석은 데이터 사이의 관계를 추정하기 위해 서로 유사한 데이터들을 같은 데이터 세트로 그룹화 또는 세그먼트화 한다.

파이썬을 위한 기계 학습 라이브러리인 Scikit-learn에서 구분된 지도 학습, 비지도 학습, 클러스터링, 차원삭감 알고리즘들은 그림 1-16과 같다.

기계 학습의 '학습' 결과물인 모델은 '예측'에 사용될 수 있다. 학습의 정확도 등의 평가치를 목표치까지 높이는 여러 기술들이 있다. 예측은 API(Application program interface)로 다른 시스템과 연대하여 사용될 수도 있다.

학습과 예측을 나누는 경우(eager learning)와 나누지 않는 경우(lazy learning)에 대한 예를 그림 1-17에 나타내었다.

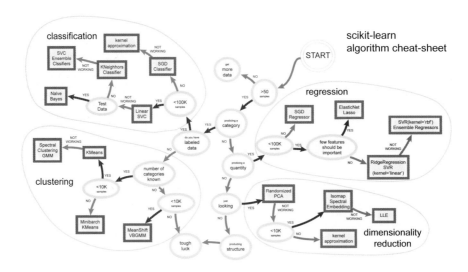

그림 1-16 Scikit-learn에 포함된 기계학습(지도 학습, 비지도 학습, 클러스터링, 차원 삭감) 알고리즘(출처 : scikit-learn.org)

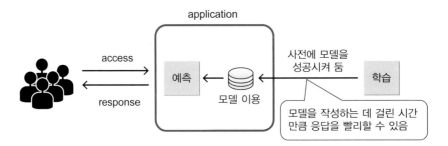

(a) 학습과 예측을 나눈 경우

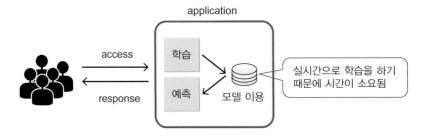

(b) 학습과 예측을 나누지 않은 경우

그림 1-17 기계학습의 결과물인 학습과 예측의 활용 방법의 예

1.2.4　강화 학습

지도 학습은 확률적인 관점에서 '입력 이미지에 가장 잘 맞는 레이블의 순위'를 계산한다. 예를 들어 당나귀의 이미지를 보여주면 그 그림이 당나귀일 가능성 80%, 말이 될 가능성 50%, 개가 될 가능성 30%라고 결정하는 방식이다.

강화 학습에서는 상태를 나타내는 이미지가 주어질 경우, 컨볼루션 네트워크(CNN)가 해당 상태에서 높은 보상을 받을 수 있는 '행동의 순위'를 계산한다. 예를 들어 오른쪽으로 뛰면 5점, 점프는 7점, 왼쪽으로 뛰면 0의 보상을 확률적으로 예상하는 방식으로 훈련을 시키는 학습 방식이다. 에이전트(agent)의 행동(action)에 따른 보상(reward)의 개념을 적용한 알고리즘이다.

1.2.5　Deep Neural Network(심층 신경망)

딥러닝(DL)은 머신러닝(ML)의 하위 집합으로서 이미지 인식, 사운드 인식, 추천 시스템, 자연어 처리 등에 활용되는 알고리즘이다. Deep은 신경망의 계층(layer) 수가 많다는 것(보통 3 이상의 Deep Neural Network)을 의미하고 레이어(층)가 많은 신경망은 학습에 유리하지만 계산량이 더 많아지기 때문에 고속병렬 하드웨어가 필요하다. 이를 위하여 GPU(Graphic Processor Unit)를 사용하기도 한다.

딥러닝은 다수의 층들을 사용하여 복잡한 함수를 표현할 수 있고, DNN(Deep Neural Network)를 학습(training) 시킨다는 것은 모델의 손실 함수(loss function)가 최소화(minimization)되는 방향으로 조금씩 움직여서 최적의 가중치(weights)와 편향(bias)을 찾는 과정을 의미한다.

1.2.6 머신러닝에서 데이터 및 분석의 중요성

실제로 머신러닝을 이용하여 과제를 해결하기 위해서는 우선 데이터를 모으는 것이 필요하다. 이를 위해서 설문조사를 하거나 데이터를 구입할 때도 있다. 이후에는 모은 데이터에 사람이 정답 레이블을 적용, 머신러닝을 하기 좋은 형태로 가공, 불필요한 데이터를 삭제, 추가로 데이터를 더하거나 하는 등의 작업이 필요하기도 하다. 이러한 데이터의 전처리 과정에서는 평균 및 분산 등 통계적인 데이터를 확인하거나 각종 그래프 등을 이용하여 가시화를 하고 데이터 전체를 형태를 파악하는 것이 중요하다. 또한 데이터의 정규화(normalization)가 필요한 경우도 있다. 머신러닝 업무의 80% 이상이 데이터 전처리에 일반적으로 사용하는 것으로 알려져 있다.

기계 학습에 사용되는 데이터를 example 또는 instance라고 한다. 일반적으로 각 데이터는 고유한 성질을 나타내는 속성 벡터의 형식을 가진다. 예를 들어 데이터 세트(표본 집단)가 '사람'들의 데이터 집합이면 '신장', '체중', '성별' 등이 속성 벡터의 속성 요소가 된다.

머신 러닝(기계 학습)을 시작할 때, 간단한 데이터셋(Datasets)으로 알고리즘을 테스트해 보는 것이 기계학습을 이해하는데 있어 매우 쉽고 유용한 방법이다. 간단한 데이터셋으로 알고리즘의 원리를 이해한 후, 실제 생활에서 얻을 수 있는 더 큰 데이터셋을 가지고 작업하게 된다.

학습 데이터인 데이터셋를 준비하는 것은 기계학습에서 매우 중요하다. 데이터를 분석하고 특징을 파악하는 연구분야를 Data Science(또는 Engieerig)이라고 하는데, 기계 학습을 위해서 중요한 연구 분야이다.

기계학습을 연습하기 위해, 인터넷 등에서 간단한 데이터셋를 얻을 수 있는 곳으로는

(1) Scikit-learn dataset에서는 single label, multilabel, bisclustering 등의 classification and clustering을 위한 데이터의 생성, regression, manifold learning, decomposition 등의 알고리즘을 위한 데이터를 구할 수 있다.

(2) Kaggle dataset(https://www.kaggle.com/)에서는 Jupyter Notebooks 및 GPU 환경의 방대한 데이터를 얻을 수 있다.

(3) UCI Machine Learning Repository(https://archive.ics.uci.edu/ml/index.php)

(4) MNIST database(Modified National Institute of Standards and Technology database)에서는 필기체 숫자 인식의 훈련을 위한 필기체 숫자 이미지를 포함한 데이터 세트를 얻을 수 있다. 이 데이터베이스는 머신 러닝 분야의 교육 및 테스트에도 널리 사용 되고 있다. NIST의 원본 데이터 세트에서 추출한 샘플을 "리믹스"하여 구성한 MNIST 데이터베이스에는 60,000개의 훈련 이미지와 10,000개의 테스트 이미지들이 있다.

이와 같은 데이터 베이스를 통하여 기계 학습 알고리즘의 훈련과 검증을 위한 데이터 세트를 구하고, 그림 1-18과 같이 데이터를 훈련용(training)과 평가용(validating) 그리고 검증용(testing)으로 나누어 학습을 하게 된다. 일반적으로 전체 데이터의 70% 정도를 훈련용 데이터로 사용하고 나머지 30% 정도를 학습한 모델의 검증용 데이터로 사용을 한다. 평가용 데이터는 모델의 성능을 최대화하도록 모델의 구조 및 크기를 결정하는 패러미터들을 최적화하는데 사용된다.

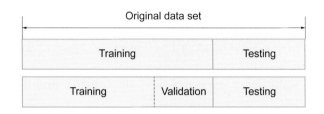

그림 1-18 기계 학습에서 훈련과 검증을 위한 데이터의 구분 예

훈련 데이터를 (x, y)라고 하면, 이를 (설명변수, 목적변수), (입력변수, 출력변수), (독립변수, 종속변수) 등으로 부르기도 하고 (특징변수, 정답)이라고 하기도 한다. 머신러닝은 최근에 연구가 활발하게 시작된 분야라고 할 수 있어 다른 학문 분야와 달리 용어의 표준화가 덜 진행된 분야라고 할 수 있다.

1.3 파이썬

1.3.1 파이썬 컴퓨터 언어

파이썬(Python)는 범용 프로그래밍 언어로서, C언어에 비하여 상대적으로 간단하고 다루기 쉽게 설계되어 있으며, 다양한 프로그램을 알기 쉽게 적은 라인수로 작성할 수 있는 특징을 갖고 있다. 또한 문법을 최대한 단순화하여 코드의 가독성을 높여 프로그래머가 쓰기 쉽고 코드의 신뢰성을 높이는 것을 중시하여 디자인된 범용 언어이다. 파이썬 언어의 최대의 특징 가운데 하나는 그림 1-19와 같은 인공지능 관련 분야에서 폭넓게 사용되고 있어 관련 라이브러리

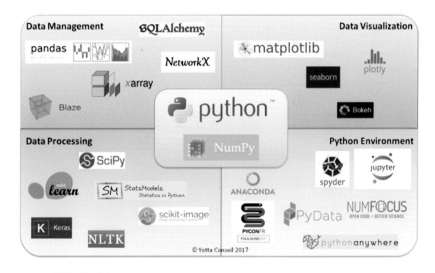

그림 1-19　Python 생태계의 개념도 (출처 : https://atrebas.github.io/)

가 많고 사용자 커뮤니티가 많이 발달 되어 있는 점이다.

핵심 본체 부분은 꼭 필요한 부분만 들어가도록 최소한으로 줄였고, 표준 라이브러리 또는 타사 라이브러리 함수 등 다양한 영역에 특화한 풍부한 대규모 툴을 인터넷에서 무료로 얻을 수 있도록 하여 자신의 사용 목적에 따라 기능을 확장해 나갈 수 있도록 하였다.

또한 Python은 많은 다른 기종의 하드웨어들과 여러 종류의 OS에서 설치되고 실행될 수 있도록하고, 다양한 프로그래밍 패러다임에 대응하고 있다. Python은 객체 지향, 명령형, 절차적, 함수형 등의 형태로 프로그램을 작성할 수 있다.

동적 언어이며, 참조 카운트 기반의 자동 메모리 관리 기능이 있다. 이러한 특성으로 인하여 Python은 넓은 사용자를 갖고 있고 Web 응용 프로그램과 데스크톱 응용 프로그램 등의 개발은 물론, 시스템에 대한 script와 각종 자동 처리 공학 및 통계 및 분석 등 다양한 영역에서 중요한 프로그램 언어가 되었다.

프로그래밍 작업이 쉽고 능률적인 점으로 인하여 소프트웨어 작성에 필요한 투입 인원의 절감, 개발 시간의 단축, 나아가 비용 절감에 도움이 될 수 있어 여러 산업 분야에서 널리 이용되고 있다. Google 등과 같이 주요 언어로 채택하고 있는 기업도 많다.

표 1-5에는 파이썬 생태계와 관련된 라이브러리의 일부 예를 소개한다.

표 1-5 파이썬 생태계와 관련된 라이브러리의 일부 예

용어	의미
Numpy	NumPy(넘파이)는 행렬이나 일반적으로 대규모 다차원 배열을 쉽게 처리할 수 있도록 지원하는 파이썬의 수학계산 라이브러리. 데이터 구조 이외에도 수치 계산을 위해 효율적으로 구현된 기능을 제공
Scipy	SciPy(사이파이)는 수학, 과학 및 공학을 위한 오픈 소스 소프트웨어의 Python 기반 라이브러리. 여기에는 Numpy, Matplotlib, iPython, SymPy, pandas가 포함
pandas	pandas는 파이썬으로 작성된 데이터 조작 및 분석을 위한 소프트웨어 라이브러리. 특히, 숫자 테이블 및 시계열 조작을 위한 데이터 구조 및 조작을 제공. Panel data에서 이름이 유래
Scikit-learn	Scikit-learn은 파이썬을 위한 기계 학습 라이브러리. Suport vector machine, Random forest, Gradient boosting, k-means 및 DBSCAN을 포함한 다양한 분류 , 회귀 분석 및 클러스터링 알고리즘으로 구성. 파이썬 수치 과학 라이브러리인 Numpy 및 Scipy와 상호 작용하도록 설계
Pillow	Pillow는 Python Imaging Library(PIL)
Matplotlib	Matplotlib은 파이썬에서 매트랩과 유사한 그래프 표시를 가능하게 하는 라이브러리
Anaconda	아나콘다는 데이터 과학, 기계 학습 응용 프로그램, 대규모 데이터 처리, 예측 분석 목적 단순화 등을 위한 과학 계산이 목적인 패키지 관리 및 전개를 위한 파이썬 배포용 소프트웨어
Jupyter	개방형 표준으로 인터랙티브 컴퓨팅을 위한 오픈 소스 소프트웨어

1.3.2 파이썬과 인공지능

파이썬을 인공지능 연구에 많이 사용하는 이유는 다음과 같다.

(1) Python을 이용하여 사용할 수 있는 인공지능 library가 많다. Tensorflow (high-level neural network library), scikit-learn(data mining, data analysis 그리고 machine learning), pylearn2(scikit-learn 보다 더 다양) 등 매우 많은 라이브러리 및 관련 소프트웨어가 있다.

(2) Python으로 OpenCV(computer vision)를 쉽게 구현하는 것이 가능하다.

(3) 사용하기가 상대적으로 쉽다.

(4) 이미 만들어진 많은 library(C++ 및 Assembly)를 Python으로 불러서 연결할 수 있다(script language).

(5) 코드 디버깅에 시간을 상대적으로 덜 소비하고 알고리즘 개발에 더 시간을 사용할 수 있게 한다.

이와 같은 이유로 인하여 현재 인공 지능 연구에 가장 많이 사용되는 컴퓨터 프로그램 언어가 파이썬이다. 또한 영어의 표현을 많이 사용하는 것도 특징이라고 할 수 있다.

1.3.3 ▶ 파이썬 언어의 특징

파이썬은 script 언어로서, 스크립트 언어(scripting language)란 응용 소프트웨어를 제어하는 컴퓨터 프로그래밍 언어를 의미한다. 응용 프로그램과 독립하여 사용할 수 있고, 최종 사용자가 응용 프로그램의 동작을 사용자의 요구에 맞게 수행할 수 있도록 해주는 역할을 한다. 스크립트(scripts)는 연극 용어이고 유사한 역할을 하는 것으로 생각할 수 있다. 초창기 스크립트 언어는 배치 언어(batch languages) 또는 작업 제어 언어(job control language)라고도 한다. 일반적으로 스크립트 언어는 매우 빠르게 배울 수 있고 쉽게 작성하기 위해 고안되었다. 시작에서 끝날 때까지 실행되며, 명확한 엔트리 포인트가 없는 것이 특징이다.

CHAPTER 2

파이썬

이제 실습을 하기 위해 파이썬을 실행해보자. 파이썬을 실행하는 방법에는 세 가지가 있다.

먼저 간단하게 별도의 설치없이 공식 Python 홈페이지에서 interactive shell을 이용하는 방법이 있다. 두 번째는 python을 직접 다운받고 IDLE를 사용하는 방법이 있다. 세 번째는 여러 다양한 에디터를 사용하여 Python프로그램을 실행시키는 방법이다.

이 책에서는 세 가지 방법을 모두 설명한다.

2.1.1 파이썬 실행 환경 준비

2.1.1.1 Interactive Shell

공식 파이썬 사이트인 https://www.python.org/ 주소에 방문하여 Launch Interactive shell 버튼을 클릭하여 프로그램을 설치하지 않고 파이썬을 시작한다.

① Interactive shell 시작을 위해 클릭

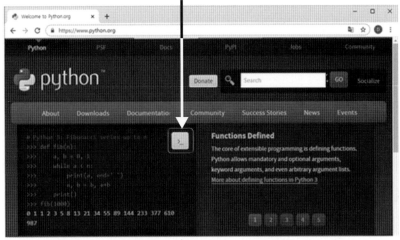

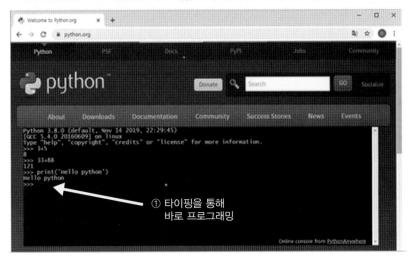

① 타이핑을 통해
바로 프로그래밍

그림 2-1 Interative shell을 이용한 파이썬 실행

2.1.1.2 통합개발환경 IDLE를 이용한 파이썬 실행

파이썬을 설치하는 첫 단계로 공식 파이썬 사이트인 https://www.python.org/ 주소에 방문한다. [그림 2-2]와 같이 Downloads를 클릭하면 최신 버전의 파이 썬을 다운로드를 할 수 있는 페이지로 이동한다.

그림 2-2 파이썬 다운로드를 위한 공식 홈페이지

현재 제공되는 가장 최신 버전의 파이썬을 다운로드하기 위해 [그림 2-3]과 같 이 Download python 3.11.1을 클릭한 후 실행을 누른다.

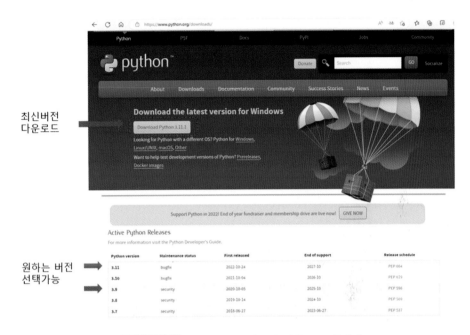

최신버전
다운로드

원하는 버전
선택가능

그림 2-3   최신 버전 파이썬 다운로드 페이지

[그림 2-4]와 같이 설치 창이 뜨면 설치하기(Install) 버튼을 누른다. 그러면
Setup Progress라는 메세지가 뜨고 설치가 진행된다. 설치가 완성되면 Setup
was successful이라는 메세지 창이 뜨고 우측 하단에 있는 'Close' 버튼을 눌러
설치를 완료한다.

그림 2-4   설치창

설치가 완료되었으니 [그림 2-5]와 같이 윈도우 우측하단에 있는 '작업 표시줄'

에서 가장 왼쪽에 있는 '시작' 버튼을 클릭하면 메뉴 윈도우가 팝업되어 나타

그림 2-5   작업 표시줄을 이용한 실행

나는데 이중에서 Python 3.11.1을 클릭한다. 그러면 IDLE라는 파이썬 코딩을
도와주는 프로그램이 실행된다.

[그림 2-6]과 같은 shell이 실행되면 파이썬을 시작할 준비가 된 것이다. 또는
시작 → 모든 프로그램 → python 3.11.1을 클릭하면 이전과 똑같이 IDLE라는
통합개발 환경이 실행되는데 이렇게 쓰기를 추천한다.

코딩을 저장하고 싶을 경우에는, File → New file → 파일명.py와 같이 파일명
을 정하여 원하는 디렉토리에 파이썬 파일을 저장할 수 있다. 파일명 new1.py
로 저장해보자.

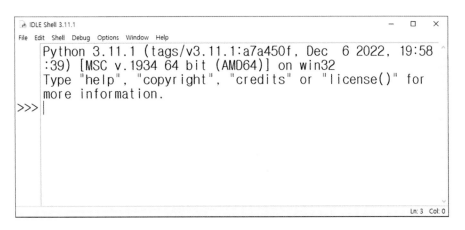

그림 2-6   파이썬 IDLE 실행창

파일을 오픈할 때는 File → Open을 이용하여 파일을 열어주면 지정한 프로그
램이 [그림 2-7]과 같이 창에 뜬다. [그림 2-7]과 같이 Run → Run module을
클릭하면 실행된 결과를 표시하여 준다.

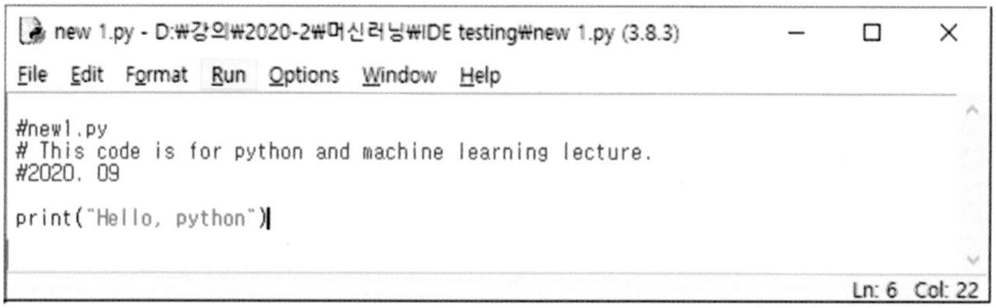

```
#new1.py
# This code is for python and machine learning lecture.
#2020. 09

print("Hello, python")
```

그림 2-7   파이썬 Run 수행 방법

그 외에도 파이썬 프로그램을 작성할 수 있는 여러 가지 에디터가 있다. 더 편리하게 파이썬 프로그래밍을 하기 위해서는 인터프리터를 이용하는 것보다 에디터를 이용하면 더 편리하다. 에디터란 문서를 편집할 수 있는 프로그래밍 툴을 말한다. 윈도우 사용자라면 파이참(PyCharm), 노트패드++, 에디트 플러스 또는 서브라임 텍스트 3, 리눅스 사용자라면 vi에디터, 이맥스(emacs)를 이용하면 된다.

파이썬에 어느 정도 익숙해졌다면 파이참(PyCharm)을 사용해 보기를 추천한다. 파이참은 (www.jetbrains.com/pycharm/download)에서 다운로드하여 설치할 수 있다. 파이참은 코드 작성 시 자동완성, 문법 체크등 편리한 기능을 가지고 있다.

노트패드++는 공식 다운로드 사이트(https://notepad-plus-plus.org)에서 다운로드하여 설치할 수 있고 무료이다.

에디트 플러스는 공식 다운로드 사이트(www.editplus.com/kr)에서 파일을 다운로드하여 설치할 수 있다.

서브라임 텍스트 3은 공식 다운로드 사이트(www.sublimetext.com/3)에서 파일을 다운로드할 수 있다. 심플하고 사용하기 쉽다는 장점이 있다.

Jupyter Notebook은 아나콘다 사이트(www.anaconda.com)에서 다운받아 설치할 수 있고, 시작 → Anaconda3 → Jupyter Notebook 순으로 클릭하여 Jupyter Notebook으로 프로그래밍을 할 수 있다.

2.1.2 파이썬 기초용어

(1) 주석 (# 또는 """   """ 또는 ' ' '   ' ' ')

주석은 프로그래밍 내용이 아니다. 프로그래머가 프로그래밍을 서로 공유하거나 이해하기 위한 메모이다. 즉 컴퓨터는 주석을 프로그래밍으로 인식하지 않는다. 주석은 # 로 시작하는데 그 줄의 끝까지 모두 주석으로 간주되며, 프로그램 수행에 전혀 영향을 주지 않는다.

그래서 프로그래밍에 관한 메모를 남겨놓을 때나 코드를 테스트하는 동안 어떤 코드 줄 앞에 #를 넣어 잠깐 그 줄을 제외시킨다. 프로그램이 제대로 돌아가지 않는 이유를 알아내려고 할 때 쓸모가 있는 기능이다. 나중에 다시 그 줄을 코드에 추가하려면 #만 없애면 된다.

| 예제 |

```
>>>#파이썬 시작하기
>>>#파일명
```

주석문이 여러 줄인 경우는 매 줄마다 #를 쓰기가 번거로우므로 세 개의 큰 따옴표 또는 세 개의 작은 따옴표를 이용한다.

| 예제 |

```
"""
파이썬 시작하기
파일명
파일 작성 날짜
파일 프로그래머 이름
이 프로그래밍은 2학년 파이썬 수업용 예제 코드입니다.
"""
```

(2) py

파이썬 파일의 확장자명은 *.py 이다.

(3) 함수

파이썬은 print()라는 함수를 내장하고 있는데 괄호 안의 값을 화면에 출력한다. input() 함수는 사용자가 키보드에서 입력한 텍스트(엔터키 포함)를 받을 때까지 기다린다. 이와 같이 파이썬에는 여러 가지 편리한 기본적인 내장 함수들이 있고, 그 외에 사용자가 새로운 함수가 필요한 경우에는 def를 이용하여 새 함수를 정의한 후 자신의 프로그램에서 사용할 수 있다.

2.2 자료형

자료형(Data type)이란 데이터의 종류이다. 파이썬에서는 하나의 변수에 서로 다른 여러 자료형의 값이 저장될 수 있다. 또한, 다른 언어에서는 사용되지 않는 다양한 자료형들이 제공된다.

2.2.1 자료형과 숫자

표 2-1 데이터 종류

종류	데이터 타입
숫자 타입	int, float, complex
문자열 타입	str
시퀀스 타입	list, tuple, range
매핑 타입	dict
세트 타입	set, frozenset
불린 타입	bool (True, False)
바이너리 타입	bytes, bypearray, memoryview

숫자 타입에는 1, 2, 3과 같은 int(정수)형, 1.2, 1.23과 같은 float(실수)형, 1+2j, 2-3j와 같은 complex(복소수)형이 있다. 정수형에는 10진수 뿐만 아니라 8진수와 16진수 수로 표현할 수 있다. 8진수 숫자는 숫자 0 + 알파벳 대문자 O(또는 소문자 o) + 8진수로 표현되며(예, 0o133), 16진수 숫자는 숫자 0+알파벳 소문

자 x + 16진수로 표현된다(예, 0x13fc). 복소수형 숫자는 복소수를 의미하는 i 를 j (또는 J)로 대치하여 표현된다.

숫자형 값을 다루는 다양한 연산자들이 제공된다. 사칙연산 (+, -, *, /), 제곱 연산(**), 나눗셈 후 소수점 아랫자리를 버리는 연산 (//), 나눗셈 후 나머지 반환 (%), 거듭제곱 (**), 복합 대입 연산 (+=, -=, *=), 실수부분(real), 복소수 부분(imag), 켤레복소수(conjugate)등의 연산자들이 있다. 복합 대입 연산자 또 한 다양한데, 다음 표와 같이 동일한 식으로 표현될 수 있다.

표 2-2 복합 대입 연산자

복합대입 연산자	동일한 식
=	a = 3 는 3을 변수 a 에 저장함
+=	a += b 는 a = a + b 와 같음
-=	a -= b 는 a = a - b 와 같음
*=	a *= b 는 a = a * b 와 같음
/=	a /= b 는 a = a / b 와 같음
//=	a //= b 는 a = a // b 와 같음
**=	a **= b 는 a = a ** b 와 같음
%=	a %= b 는 a = a % b 와 같음

| 예제 |

```
>>> a = 5
>>> b, c = 2, 0.8
>>> d = 1+2j
>>> a+c
5.8
>>> a/b
2.5
>>> a**b
```

```
25
>>> a//b
2
>>> a%b
1
>>>d.real
1
>>>d.imag
2
>>>d.conjugate()
1-2j
```

2.2.2 ▶ 문자열

문자열(string)이란 문자, 단어 등으로 구성된 문자들의 집합이다. 문자열로
만들기 위해서는 큰따옴표(""), 작은 따옴표(' '), 연속 3개 큰 따옴표("""
"""), 연속 3개 작은 따옴표(''' ''')을 사용하는 방법이 있다.

| 예제 |

```
"a"
'123'
"""Mom's soup"""
'''Kim says "Hello, Inha" '''
```

문자열을 활용하기 위한 연산자 : +를 사용하여 문자열을 더해서 연결할 수 있
다. 두개의 문자열을 연결하는 연산을 하려면 +를 사용하면 된다. 한개의 문자
열이 여러 번 반복되게 하려면 *숫자를 사용하면 된다.

| 예제 |

```
>>> a = "I love"
>>> b = "python"
>>> a+b
'I love python'
>>>a*2
'I love I love'
>>>print ("="*30)
==============================
```

2.2.3 변수와 입출력

(1) 변수

변수는 임의의 자료형의 값을 저장하는 공간이라고도 말할 수 있다. 변수는 컴퓨터의 메모리에 있는 상자와도 같은 것으로 여기에 여러 값을 저장할 수 있다. 앞에 예제에서 이미 변수를 사용해 왔다. 다음 예와 같은 a, b, val를 변수라고 한다.

| 예제 |

```
>>> a = 2
>>> b = "python"
>>> val = [1, 2, 3]
```

(2) 입출력

보통 프로그램들은 입력을 받고 그 입력을 사용하여 의도된 계산을 수행한 후 계산된 결과를 출력한다. 프로그램에서 어떤 값을 입력받으려고 할 때 input 함수가 사용된다.

```
input( )
```

어떤 값을 모니터에 출력하려면 print 함수가 사용된다.

```
print( )
```

| 예제 |

```
>>>a = input()
3                    (3을 입력하고 엔터를 친다.)
>>>print(a)
3
```

| 예제 |

```
>>>b = input()
I love python
>>>print(b)
I love python
```

출력 함수에 관련해서 조금 더 예제를 살펴보자.

| 예제 |

```
>>>a=120
>>>print(a)
120

>>>a = 'python'
>>>print(a)
python
```

```
>>>a = [1, 2, 3, 4]
>>>print(a)
[1, 2, 3, 4]

>>>print("I love python.")
I love python
>>>print("I" "love" "python.")
Ilovepython.
>>>print("I"+"love"+"python.")
Ilovepython.
>>>print("I", "love", "python.")          (쉼표 콤마로 띄어쓰기)
I love python.
```

본인의 이름과 학년을 입력하고 출력해보도록 하자.

| 예제 |

```
>>>name= input("당신의 이름을 입력하세요: ")
당신의 이름을 입력하세요: (본인의 이름을 입력하고 엔터를 쳐보자)
>>>year = input("당신의 학년을 입력하세요: ")
당신의 학년을 입력하세요: (본인의 학년을 입력하고 엔터를 쳐보자)
>>>print(name, "는", year, "학년입니다.")
```


(3) 대입연산자

위에서 '변수 = 값 또는 입력값'의 예제를 공부해 보았는데, 파이썬에서 = 은 '대입(assignment)'연산자라고 하여 수학기호 = 와 의미가 다르다. 수학적 기호 =은 파이썬에서는 == 이것으로 표현된다. 파이썬 =은 우항의 값을 좌항에 대입하는 것으로 좌항의 변수라는 이름을 가진 공간에 우항의 값을 저장하는 것이다. 예제를 통해서 살펴보면 이해가 더욱 쉬울 것이다.

대입문은 다음과 같은 형식으로 사용된다.

변수명 = 변수에 저장할 값

| 예제 |
```
>>> a = 2
>>>print(a)
2
```

위의 대입문은 a라는 이름의 변수에는 정수 2를 저장, 대입하게 된다. a를 출력하면 2가 나온다.

| 예제 |
```
>>>a = 2
>>>a = 3
>>>a = 'python'
>>>print(a)
python
```

a라는 변수에 2를 대입했다가 다시 3이 대입되고, 다시 python이라는 문자열이 대입되면 변수 a에는 최종적으로 Python 문자열만 저장된다. 새 값이 변수에 대입될 때, 이전 값은 사라진다.

| 예제 |
```
>>>a, b = 2, 3
>>>print(a)
2
```

```
>>>print(b)
3
>>>print(a,b)
2 3
>>>a=b
>>>print(a,b)
3 3
```

변수명을 만들 때에는 한 단어이어야 하며, 문자, 숫자 및 밑줄(_)을 사용할 수 있다. 첫 글자가 숫자이면 안 된다. 특수기호나 빈칸을 쓸 수 없다.

2.2.4 리스트

리스트는 대괄호 [ ] 로 요소 전체를 감싸주고 각각의 요소값들은 쉼표 (,)로 구분된다.

> 리스트명 = [요소1, 요소2, 요소3, ...]

리스트를 이용하면 1, 3, 5, 7, 9 라는 숫자들의 모음을 다음과 같이 간단하게 표현할 수 있다.

| 예제 |

```
>>>odd = [1, 3, 5, 7, 9]
```

다음은 리스트의 여러 예이다.

| 예제 |

```
>>>a = []
>>>b = [1, 3, 5]
>>>c = ['Python', 'for', 'students']
>>>d = [1, 3, 'Python', 'students']
>>>e = [1, 5, 'Python', ['for', 'students']]
```

인덱싱(Indexing)은 리스트의 요소를 지정하는 기법인데, 다음 예와 같이 변수와 대괄호[ ]로 표현된다.

| 예제 |

```
>>>dd = [1, 2, 'Python', ['for', 'students']]
>>>dd[0]
1               dd[0]은 리스트 dd의 첫 번째 요소 값을 뜻한다.
>>>dd[1]
2               dd[1]은 리스트 dd의 두 번째 요소 값을 뜻한다.
>>>dd[0]+dd[1]
3
```

파이썬은 숫자를 0부터 세기 때문에 리스트의 인덱싱 dd[1]이 리스트 dd의 첫 번째 요소가 아니라 dd[0]이 리스트 dd의 첫 번째 요소이다.

| 예제 |

```
>>>dd = [1, 2, 'Python', ['for', 'students']]
>>>dd[-1]
[' for', 'students'] dd[-1]은 리스트 dd의 마지막 요소값을 뜻한다.
>>>dd[-2]
'Python'        dd[-2]은 리스트 dd의 두 번째 마지막 요소값을 뜻한다.
>>>dd[-1][0]
```

```
'for'
>>>dd[-1][1]
'students'
```

dd[-1] 은 리스트 dd의 마지막 값이 된다. 마지막 요소 값인 ['for', 'students']을 나타내는데, 이 리스트안의 첫 번째 요소인 'for'를 불러오기 위해서는 dd[-1]뒤에 [0]을 붙여서 dd[-1][0]으로 인덱싱하면 된다. 또한 다중 인덱스도 만들 수 있다.

다중인덱스 형식

리스트명[ ][ ][ ]…[ ]

슬라이싱(Slicing)은 '나눈다'는 뜻으로 변수와 대괄호 [:]로 표현된다.

| 예제 |

```
>>>a = [1, 2, 3, 4, 5]
>>>a[0:2]
[1,2]
```

다음은 리스트 안에서 어떤 부분의 요소만을 선택하는 예를 보자. 물론 리스트 자체에는 영향을 끼치지 않고 선택된 요소로 구성된 리스트를 지정하는 방법을 보여준다.

| 예제 |

```
>>>b = ['p','y','t','h','o','n']
>>>b[1:4]              b[1]부터 b[3]까지 의미 (b[4]는 포함하지 않음)
```

```
['y','t','h']                    yth를 슬라이싱할 뿐임.
>>>print(b)                      b에 영향 없음
['p','y','t','h','o','n']
>>>b[:4]                 처음부터 b[3]까지 의미(b[0:4]와 동일한 의미)
['p','y','t','h']
>>>b[4:]                         b[4]부터 마지막까지 의미
['o','n']
>>>del b[4]                      b[4]의 요소 값을 아예 삭제하기
>>>print(b)
['p','y','t','h','n']
```

슬라이싱은 리스트뿐만 아니라 문자열에도 적용할 수 있다.

| 예제 |

```
>>>b = 'python'
>>>b[1:4]                b[1]부터 b[3]까지 (b[4]는 포함하지 않음)
'yth'
>>>b[:4]                 처음부터 b[3]까지
'pyth'
>>>b[4:]                 b[4]부터 마지막까지
'on'
```

리스트를 변수에 넣고 복사하고자 할 때 리스트 전체를 가르키는 [:]를 이용하거나 copy 모듈을 이용한다.

| 예제 |

```
>>>a=[1,2,3]
>>>b = a[:]
또는
>>>b = a.copy()
```

2.2.5 리스트의 다양한 연산자

리스트에 연산자를 적용하면 리스트를 다양하고 편리하게 사용할 수 있다.

(1) 리스트 연결하기/더하기 (+)

| 예제 |

```
>>>a = [1, 2, 3]
>>>b = [4, 5, 6]
>>>a+b
[1,2,3,4,5,6]
```

(2) 리스트 반복하기 (*)

| 예제 |

```
>>>a= [1, 2, 3]
>>>a*3
[1, 2, 3, 1, 2, 3, 1, 2, 3]
```

(3) 리스트 수정하기

| 예제 |

```
>>>a= [1,2,3]
>>>a[1]=5
[1,5,3]
```

(4) 리스트의 일정 범위 값 선택/ 범위 값 수정하기

| 예제 |

```
>>>a=[1, 2, 3]
>>>a[1:2]                    (a[1]과 동일한 의미)
2
>>>a[1:2]=[5, 6, 7]
>>>a
[1, 5, 6, 7, 3]
```

(5) 리스트 요소 삭제하기 ([ ]이용)

| 예제 |

```
>>>a=[1, 2, 3]
>>>a[1:2] =[]
>>>a
[1, 3]
```

(6) 리스트 요소 삭제하기 (del함수 이용)

| 예제 |

```
>>>a=[1, 2, 3]
>>>del a[1]
>>>a
[1, 3]
```

del은 파이썬이 기본적으로 가지고 있는 내장 함수이며, 객체의 일부 요소 또는 전체를 삭제한다.

```
del 객체
```

여기서 객체의 자료형은 파이썬에서 사용되는 모든 자료형이 가능하다.

(7) 리스트 맨 마지막에 요소 덧붙이기(append)

append의 뜻은 "덧붙여서 추가하다", "첨부하다"이다. (참고로, 책 맨 뒤에 부록, 별첨이라는 목록에 appendix가 사용된 것을 본 적이 있을 것이다.)

| 예제 |

```
>>>a=[1, 2, 3]
>>>a.append(4)
>>>a
[1, 2, 3, 4]
```

(8) 리스트 마지막에 다시 리스트를 추가하기

| 예제 |

```
>>>a=[1, 2, 3]
>>>a.append([4, 5, 6, 7])
>>>a
[1, 2, 3, [4, 5, 6, 7]]
```

(9) 리스트 정렬하기(sort)

sort 함수는 리스트내의 요소들이 숫자이면 숫자의 순서대로 정렬해 준다.

| 예제 |

```
>>>a=[1, 7, 5, 2, 4, 3, 6]
>>>a.sort()
>>>a
[1, 2, 3, 4, 5, 6, 7]
```

sort 함수는 리스트내의 요소들이 알파벳이면 알파벳 순서대로 정렬해 준다.

| 예제 |

```
>>>a=['a', 'c', 'e', 'b', 'f', 'd']
>>>a.sort()
>>>a
['a', 'b', 'c', 'd', 'e', 'f']
```

(10) 리스트 뒤집기(reverse)

reverse 함수는 리스트 요소들의 위치를 역순으로 바꿔준다. 이때 역순으로 정렬하는 것이 아니고 위치만 거꾸로 바꾸는 것임을 유의해야 한다.

| 예제 |

```
>>>a=['a', 'c', 'e', 'b', 'f', 'd']
>>>a.reverse()
>>>a
['d', 'f', 'b', 'e', 'c', 'a']
```

(11) 위치 반환하기(index)

index(x) 함수는 리스트내에 x라는 값이 어디에 위치해 있는지 알려주기 위해서 그 위치의 인덱스 값을 리턴한다.

| 예제 |

```
>>>a=[1, 2, 3]
>>>a.index(3)
2
>>>a.index(1)
0
```

(12) 리스트에 요소 삽입하기(insert)

insert(x,y) 함수는 리스트의 x인덱스 위치에 있는 요소 앞에 y를 삽입한다.

| 예제 |

```
>>>a=[1, 2, 3]
>>>a.insert(1, 7)          a(1)=2 앞에 7을 삽입하라는 명령
>>>a
[1, 7, 2, 3]
```

(13) 리스트에 포한된 요소 x의 개수 세기(count)

count(x) 함수는 리스트내에 x가 몇 개 있는지를 세고 그 개수를 돌려준다.

| 예제 |

```
>>>a=[1, 2, 3, 2, 7, 3, 2, 5]
>>>a.count(2)
3
```

(14) 리스트 요소 제거(remove)

remove(x) 함수는 리스트에서 첫 번째로 나오는 x를 삭제한다.

| 예제 |

```
>>>a=[1, 2, 3, 2, 7, 3, 2, 5]
>>>a.remove(2)
[1, 3, 2, 7, 3, 2, 5]
>>>a.remove(2)
[1, 3, 7, 3, 2, 5]
```

(15) 리스트에서 요소 꺼내기(pop)

pop( ) 함수는 리스트의 맨 마지막 요소를 출력하고 삭제한다.

| 예제 |

```
>>>a=[1, 2, 3]
>>>a.pop()        a리스트의 마지막 요소 3을 출력하고 삭제하라는 명령
3
>>>a
[1, 2]
```

pop(x) 함수는 리스트의 x인덱스 위치의 요소를 출력하고 삭제한다.

| 예제 |

```
>>>a=[1, 2, 3]
>>>a.pop(1)
2
>>>a
[1, 3]
```

(16) 리스트 확장(extend)

extend(x) 함수에서 x값은 리스트만 가능하며 원래의 a 리스트 뒤에 x리스트를 연결한다.

| 예제 |

```
>>>a=[1, 2, 3]
>>>a.extend([5, 7, 8])
>>>a
[1, 2, 3, 5, 7, 8]
>>>b=[10, 11]
>>>a.extend(b)
>>>a
[1, 2, 3, 5, 7, 8, 10, 11]
```

a.extend([5, 7, 8])는 a += [5, 7, 8]과 같다.

| 예제 |

```
>>>a=[1, 2, 3]
>>>a += [5, 7, 8]
>>>a
[1, 2, 3, 5, 7, 8]
```

2.2.6 튜플

튜플(tuple)은 터플이라고도 한다. 리스트와 거의 비슷하지만 몇 가지 차이점이 있다. 리스트는 대괄호[ ]로 둘러싸이지만 튜플은 일반적으로 소괄호( )로 둘러싼다. 물론 소괄호가 생략될 수도 있다. 리스트에서는 그 요소들의 값을 생성하거나, 삭제, 추가, 수정하는 것이 가능하지만, 튜플에서는 그 요소들의 값이 바뀔 수 없다. 튜플은 그 값이 변경되지 않고 고정된 값이 유지되도록 할 때 유용하다. 그러나 일반적으로 프로그래밍에서는 리스트를 많이 사용한다.

다음은 튜플의 다양한 예시이다.

| 예제 |

```
>>>t=()
>>>t=(1,)              한 개의 요소를 가질때는 반드시 쉼표 ,를 붙인다.
>>>t=(1, 2, 3)
>>>t=1, 2, 3                    괄호를 생략해도 무방하다.
>>>t=('a', 'b', ('aa', 'bb'))

>>t[2] =1
TypeError: 'tuple' object does not support item assignment
```

2.2.7 딕셔너리

딕셔너리는 한 개의 중괄호{ } 안에 Key와 Value의 쌍들이 여러개 들어있는 자료형이다. 딕셔너리 자료형의 형식적 구조는 다음과 같다.

```
{Key1:Value1, Key2:Value2, ...  Keyn: Valuen}
```

apple 사과, banana 바나나, strawberry 딸기 등과 같이 각각 쌍으로 대응되는 자료를 만들 때 유용하다. 예를 들면 {홍길동: 홍길동 주소, 김철수: 김철수 주소}등과 같이 쌍으로 대응되는 자료이면 어떤 자료이든지 그 자료들을 표현하는데 있어서 딕셔너리 자료형이 유용하게 사용될 수 있다.

| 예제 |

```
a={'apple': '사과', 'banana': '바나나', 'strawberry': '딸기'}
b={'a':'hello'}
c={'d':[1,2,3]}
d={'홍길동':'01012345678'}
```

딕셔너리의 Value에는 리스트가 사용될 수 있지만, Key에는 리스트가 사용될 수 없다.

```
e={'홍길동: 01012345678}
```

이름과 핸드폰 번호로 리스트를 만들 경우, value에 숫자 0을 맨 앞에 넣으면 에러가 발생되니 d와 같이 문자로 핸드폰 번호를 인식하게 해야 한다.

```
f={'홍길동: 0o01012345678}
g={'홍길동: 0x01012345678}
```

위와 같이 16진수 8진수를 사용하게 되면 vlaue에 숫자 0을 맨 앞에 넣어도 에러가 발생되지 않지만, 원하는 핸드폰 번호의 형태로 저장되지는 않고, 8진수와 16진수로 저장된다.

(1) 딕셔너리에 추가하기

| 예제 |

```
>>>b[1]=1
>>>b
{'a':'hello', 1: 1}
```

딕셔너리 자료형에서 Key:Value 쌍들이 추가되었던 순서는 중요하지 않다. 즉, 순서 자체에 특별한 의미가 없으므로 쌍의 순서는 프로그래밍에서 아무런 역할을 하지 않는다.

(2) 딕셔너리에서 삭제하기

| 예제 |

```
>>>b = {'a':'hello', 1: 1}
>>>del b['a']
>>>b
{1: 1}
```

del b['a']는 변수 b에서 키가 'a'인 Key:Value 쌍을 지우라는 명령임.

(3) 딕셔너리에서 Key를 사용해 Value를 얻는 방법

예를 들면, 전화번호부에서처럼 어떤 사람의 정보를 찾을 때 유용하다

| 예제 |

```
>>>b = {'a':'hello', 1: 2}
>>>b['a']
'hello'
또는
>>>b.get('a')
'hello'
```

(4) 딕셔너리에서 Key만 들어있는 리스트를 만드는 방법

| 예제 |

```
>>>b.keys()
dict_keys(['a', 1])
```

(5) 딕셔너리에서 Value만 들어있는 리스트를 만드는 방법

| 예제 |

```
>>>b.values()
dict_values(['hello', 2])
```

(6) 딕셔너리에서 Key, Value 쌍을 얻는 방법

| 예제 |

```
>>>b.items()
dict_items([('a','hello'), (1, 2)])
```

(7) 딕셔너리에서 Key:Value 쌍들을 모두 삭제하는 방법

| 예제 |

```
>>>b.clear()
```

(8) 해당 Key가 딕셔너리 안에 있는지 판단하는 방법

| 예제 |

```
>>>b = {'a':'hello', 1: 2}
```

```
>>>'a' in b
True
>>>'name' in b
False
```

2.2.8 파일 읽고 쓰기

앞에서 input 함수와 print 함수를 학습하였다. input 함수는 사용자가 화면에서 직접 입력한 데이터를 받아들이고, print 함수는 화면에 결과 값을 출력한다. 그러나 빅데이터와 같이 용량이 많은 데이터를 입력받고 싶을 때나 많은 양의 데이터를 출력하여 저장하고 싶을 때에는 input 함수와 print 함수를 사용하는 것에 분명한 한계가 있다. 그래서 파일에서 데이터를 입력받고 파일에 데이터를 출력하는 입출력 방법이 필요하다. 이에 대하여 공부해 보자.

파일에는 텍스트 파일과 바이너리 파일의 두가지 형의 파일이 있는데, 텍스트 파일은 우리가 읽을 수 있는 글자로 저장된 파일이고, 바이너리 파일은 컴퓨터가 이해할 수 있는 이진 데이터가 저장된 파일이다. 예를 들면, 이미지 파일은 이미지를 이진 영상 데이터로 변환하는 JPG와 같은 형식으로 이미지 데이터를 저장한 바이너리 파일이다.

(1) 파일 생성하기

```
파일 객체 = open("파일이름", '파일 열기 모드')
```

open 함수는 '파일 열기 모드'의 i/o모드에 따라서 '파일이름'의 파일을 i/o할 수 있도록 준비한다. 파일 열기 모드에는 r 읽기, w 쓰기, a 파일 끝에 추가, rb 바이너리 읽기, rw 바이너리 쓰기, ab 바이너리 추가 모드가 있다.

| 예제 |

```
>>>#new.txt 라는 이름의 파일을 쓰기 모드로 열어라
>>>f=open("new.txt", 'w')
>>># 객체 f를 사용하여 new1.txt파일에 쓰기모드로 안되도록 닫아라.
>>>f. close()
```

특정 디렉토리(또는 폴더) 아래에 new.txt 파일이 생성되어 있다. 그 특정 디렉토리의 위치명(pathname)은 "C:/Python"이다. 이 디렉토리에 new1.txt이라는 새로운 파일을 생성하는 명령은 다음과 같다.

| 예제 |

```
>>>f=open("C:/Python/new1.txt", 'w')
>>>f. close()
```

Python이라는 폴더에 new1.txt파일이 만들어졌다. 이때 만약이 new1.txt 파일이 이미 만들어져 있다면, 이 전에 파일에 들어있던 내용은 모두 없어지고 open된다.

(2) 텍스트 파일 읽고 출력하기

이미 생성되어 있던 new.txt 파일에는 1, 2, 3, 4, 5가 들어있다.

| 예제 |

```
>>>#new.txt에 내용을 읽고 입력하여 적기
```

```
>>>f=open("new.txt", 'r')
>>>data = f.read()
>>>print(data)
>>>f.close()
1,2,3,4,5
```

| 예제 |

```
>>>contents = input("파일에 저장할 내용을 입력하세요: ")
파일에 저장할 내용을 입력하세요:
>>>f=open("new2.txt", 'w')
>>>f.write(contents)
>>>f. close()
```

"C:/Python" 폴더에 가서 확인해보면 입력한 것들을 저장한 new2.txt 파일이
생성되어 있음을 알 수 있다.

연습문제

1. 본인의 이름과 학번을 입력하고, 이름과 학번 3번째 자리를 출력해보자.

2. 학번을 리스트로 만들고 뒤에서부터 출력되도록 해보자.

3. 리스트를 문자열로 변경하여 이번 주의 머신러닝 과제 리스트를 출력하여 보자.

4. 친구 5명의 이름과 핸드폰 번호를 딕셔너리를 이용하여 전화번호부로 만들어보자.

5. 친구 2명의 이름과 핸드폰 번호를 추가하여 보자.

6. mobile.txt 파일을 만들고 이름은 제외하고 친구 7명의 번호를 mobile.txt파일에 1줄마다 1번호를 write해보자. 총 7줄의 mobile.txt 파일을 만들자.

7. mobile.txt 파일에서 숫자 값을 모두 읽어 총합과 평균값을 구한 후 평균 값을 result.txt라는 파일에 쓰는 프로그램을 작성해보자.
   a값과 b값은 무엇인가? 이런 결과가 나오는 이유에 대하여 설명해보자.

   ```
   >>>a=b=[1,2,3,4,5,6,7,8,9,10]
   >>>a[5]=100
   ```

8. b를 변하지 않게 하기 위한 방법을 제시하여 보자.

9. 프로그램 사용자로부터 정수를 하나 입력 받아서 5로 나눈 후 그 값에 대해 아래와 같은 답변을 하도록 코드를 만들어보자.

   입력한 값은 5로 나누었을 때 몫은 ( )이고 나머지는 ( )입니다.

우리에게는 수많은 상황이 일어나고, 그 상황 안에서 주어진 조건을 판단한 후 그 상황에 맞게 처리해야 할 경우가 생긴다. 컴퓨터 같은 경우도 마찬가지이다. 조건 판단을 할 경우 우리는 Yes 또는 No라는 선택을 한다. 우리가 알고 있는 Yes를 파이썬에서는 참(True)으로 취급하고, No라는 것을 거짓(False)으로 취급한다고 이해하면 쉽다.

| 예제 |

```
>>>2>20                          2는 20보다 큰가?
False
>>>2<20                          2는 20보다 작은가?
True
>>>2==20                         2는 20과 같은가?
False
```

파이썬은 이미 True와 False를 알고 있고, 이것을 값으로 취급한다. 이것을 부울(bool)형 데이터라고 한다.

2.3.1 if 조건문

프로그래밍에서 조건을 판단하여 해당 조건에 맞는 상황을 수행하는 데 쓰이는 것이 바로 if 조건문이다.

if 조건문의 구조

```
>>>if 조건:
...          if에 속하는 수행문
...          if에 속하는 수행문
...
>>>
```

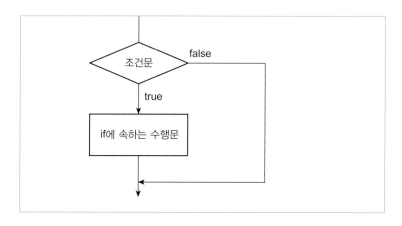

그림 2-8   if문의 구조

if 조건문이 시작되면 줄을 바꿔도 >>>가 뜨지 않는다. if에 속한 수행문은 항상 들여쓰기로 써야 한다. 몇 칸을 들여쓸 것인지는 프로그래머가 선택하면 되지만 같은 함수 내에서는 들여쓰기 하는 간격은 동일해야 한다. 파이썬은 들여쓰기 상태로 함수에 속하는 문장인지 아닌지를 판단한다.

두 개의 수를 입력하고 앞에 입력한 수가 큰 경우에만 비교 결과를 출력한다면,

| 예제 |

```
>>>a = input()
30                                    (30을 입력)
>>>b = input()
20                                    (20을 입력)
>>>if a > b:
        print("a가 b보다 큽니다")
                              (프로그램을 마치기 위해 엔터를 침)
"a가 b보다 큽니다"
>>>
```

예를 들어, 1학년이면 C언어 수업을 수강한다는 상황을 프로그래밍으로 설계할 때는 다음과 같다.

> if조건문: 1학년입니까?
>
> > if에 속한 수행문: 참일 경우 C언어 수업을 수강한다.
> >
> > 참이 아닐 경우 아무것도 수행하지 않는다.

| 예제 |

```
>>>a = input("당신의 학년은: ")
당신의 학년은:                        (학년을 입력하시오)
>>>if int(a) == 1:
        print("C언어 수업을 수강하시오")
                              (엔터로 프로그램 마침)
                              (입력 학년에 따른 수행문 수행)
>>>
```

에디터를 사용하는 대신 학년.py를 만들어 파일로 프로그램을 짤 경우

| 예제 |

```
a = input("당신의 학년은: ")
if int(a) == 1:
        print("C언어 수업을 수강하시오")


   Run module 실행시
당신의 학년은: 1 (예 1학년 입력)
C언어 수업을 수강하시오.
```

2.3.2 if~else 조건문

if~else 조건문은 조건이 참일 경우 수행할 수행문과 조건이 거짓일 경우 수행할 수행문을 구분해야 할 때 사용된다. 즉 조건에 따라 둘 중 하나를 선택해서 실행하는 경우에 사용하는 프로그래밍 도구이다. if~else문의 기본구조는 다음과 같다.

if~else 조건문의 구조

```
>>>if 조건:
...      if에 속하는 수행문          (True시 수행)
... else:
...      else에 속하는 수행문         (False시 수행)
...
>>>
```

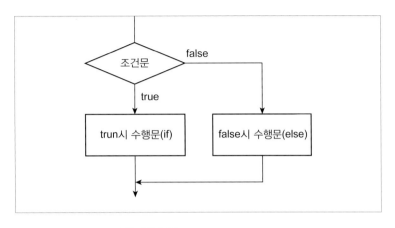

그림 2-9   if ~else문의 구조

두 개의 수를 입력하고 크기를 비교하는 프로그래밍을 작성해서 comparison.
py 파일명으로 저장해보자.

| 예제 |

```
a = input()
b = input()
if a > b:
        print("a가 b보다 큽니다")
else:
        print("a가 b보다 작거나 같습니다.")
  Run model 실행시
30                          (임의의 수 입력)
40                          (임의의 수 입력)
a가 b보다 작거나 같습니다.
```

예를 들어, 1학년이면 C언어 수업을 수강하고 그 외의 경우는 파이썬과 머신
러닝 수업을 수강한다는 상황을 프로그래밍으로 설계하면, 프로그램의 구성은

다음과 같다.

> if조건문: 1학년입니까?
>
> > if에 속한 수행문: 참일 경우 C언어 수업을 수강한다.
>
> else
>
> > else에 속한 수행문: 참이 아닐 경우, 파이썬과 머신러닝 수업을 수강한다.

| 예제 |

```
>>>a = input("당신의 학년은: ")
당신의 학년은:
>>>if int(a) == 1:
        print("C언어 수업을 수강하시오")
>>>else:
        print("파이썬과 머신러닝 수업을 수강하시오")
>>>
```

2.3.3 elif 조건문

if ~elif ~else 조건문은 셋 또는 그 이상의 조건 중에서 하나를 선택해서 실행하는 경우에 사용하는 도구이다. if ~elif ~else문의 기본구조는 다음과 같다.

if~elif ~else 조건문의 구조

```
>>>if 조건1:
...     if에 속하는 수행문1            (if 조건1이 True시 수행)
>>>elif 조건2:
...     elif 조건 2에 속하는 수행문2  (elif의 조건2이 True시 수행)
>>>elif 조건3:
```

```
...      elif 조건3에 속하는 수행문3   (elif의 조건3가 True시 수행)
>>>else:
...      else에 속하는 수행문4     (위의 모든 조건에서 False시 수행)
...
>>>
```

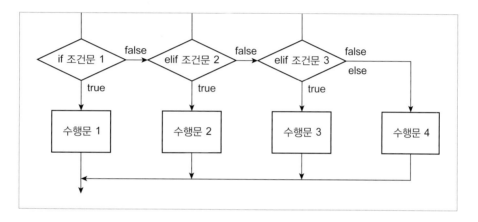

그림 2-10   elif문의 구조

두 개의 수를 입력하고, '크다' '작다' '같다'로 분류하는 크기 비교 프로그래밍
을 작성해보자.

| 예제 |

```
>>>a = int(input())
>>>b = int(input())
>>>if a > b:
        print("a가 b보다 큽니다")
>>>elif a < b:
        print("a가 b보다 작습니다.")
```

```
>>>else:
        print("a와 b는 같습니다.")
```

다른 예제로 두 수의 크기를 비교하여 작은 쪽에 20을 더하여 출력하고, 같으면 그대로 출력하는 프로그램을 작성해보자.

| 예제 |

```
x = int(input())
y = int(input())
if x < y:
        x=x+20
        print(x,y)
elif x == y:
        print(x,y)
else:
        y=y+20
        print(x,y)


  Run module 실행시
10                              (10 입력)
20                              (20 입력)
30,20
```

위의 프로그램에서 x=input( )로 프로그래밍할 경우 숫자를 입력하여도 x를 문자형으로 인식하게 된다. 문자형으로 인식해도 에러가 발생되지 않지만, 문자형자료 와 숫자형 자료간의 연산은 불가한 경우가 발생한다. 위의 예제의 경우 int(input( ))를 통해 숫자를 입력하면 x에 숫자형 자료로 저장하게 하여 연산을 가능하게 하여야 한다.

연습문제

1. 프로그램 사용자로부터 한 개의 정수를 입력을 받아서 그 값에 대해 다음 중 한 가지 답변을 하도록 코드를 만들어보자.

　입력한 값은 30 미만입니다.
　입력한 값은 30 이상입니다.

2. 프로그램 사용자로부터 한 개의 정수를 입력을 받아서 3으로 나눈 후 그 값에 대해 다음 중 한 가지 답변을 하도록 코드를 만들어보자.

　입력한 값은 3으로 나누었을 때 나머지가 없습니다.
　입력한 값은 3으로 나누었을 때 나머지가 1입니다.
　입력한 값은 3으로 나누었을 때 나머지가 2입니다.

3. 1학년이면 C언어 수업을 수강하고 2학년인 경우는 파이썬과 머신러닝 수업을 수강한다. 1학년도 아니고 2학년도 아니지만, 재수강이 필요할 경우 C언어나 파이썬과 머신러닝 수업을 수강한다. 재수강이 필요 없는 경우는 프로그래밍 수업을 수강하지 않아도 된다.

프로그래밍으로 이것을 설계할 때는 다음과 같이 구성된다. 물론 똑같이 구성하지 않아도 된다. 프로그래밍을 연습해 보세요.

```
if 조건문1: 1학년입니까?
    if에 속한 수행문1: 참일 경우 C언어 수업을 수강한다.
elif
    elif 조건문2: 1학년은 아니지만 2학년입니까?
elif
    elif에 속한 수행문2: 참일 경우 파이썬과 머신러닝 수업을 수강한다.
elif
    elif 조건문3: 1학년도 2학년도 아니지만 재수강이 필요합니까?
```

2.4 함수와 반복문

입력 값을 가지고 어떤 일을 수행한 다음에 그 결과물을 내어 놓는 것, 이것이 바로 함수가 하는 일이다. 프로그램을 설계할 때 중요한 과정인 입력과 출력 설계, 함수, 파일 처리 방법 등에 대해서 2.4장에서 설명하겠다.

2.4.1 함수

똑같은 일을 반복적으로 수행해야 하는 경우에 함수를 이용하면 편리하다. def 는 함수를 만드는 선언이다. 함수명은 본인이 임의로 정할 수 있다.

함수의 기본 구조

```
>>>def 함수명(입력인수) :
...        수행문1              (def 보다 들여쓰기가 된 상태여야 함)
...        수행문2
...                            (함수의 끝 표시: 엔터를 한번 더 입력)
>>>
```

함수가 시작되면 줄을 바꿔도 >>>가 뜨지 않는다. 수행문은 항상 들여 쓰기를 해야 한다. 몇 칸을 들여 쓸지는 프로그래머가 선택하면 되지만 같은 함수 내에서는 동일한 간격으로 들여 쓰기를 해야 한다. 파이썬은 들여 쓰기 상태로 함수에 속하는 문장인지 아닌지를 판단한다.

(1) 입력 값만 있는 함수

| 예제 |

```
>>>def greeting(name):
...         print("Hello", name)
...
>>>greeting("Kim")
Hello Kim
```

(2) 입력과 결과 값이 있는 일반적인 함수의 경우

| 예제 |

```
>>>def sum(a,b):
...         return a+b
...
>>> total = sum(1234, 4567)
```

return의 의미는 함수가 호출되었을 때 그 결과 값을 호출한 영역으로 되돌려 주라는 의미입니다. 즉 return은 함수를 호출한 영역으로 값을 반환할 때 사용 하는 명령어이다.

입력 값이 몇 개가 될지 모르는 경우 입력 변수 앞에 *를 이용하면 된다.

```
>>>def 함수명(*입력변수):
...         수행문
...
>>>
```

main 함수가 있는 방식으로 프로그래밍을 하면 프로그램의 흐름을 명확하게
볼 수 있다.

```
>>>def 함수1            여러 함수를 정의
>>>def 함수2
>>>def 함수3
>>>def main ():      주가 되는 함수의 흐름을 보도록 main함수로 정의
        수행문
        수행문
>>>
```

2.4.2 ▶ for 반복문

프로그래밍을 하다 보면, 한 줄 이상의 코드를 원하는 만큼 반복 실행해야 하
는 경우가 흔히 나타난다. 이때 for문이 사용된다.

```
for 변수 in [반복 범위]
     for에 속하는 수행문
```

| 예제 |

```
>>>for j in [0,1,2]:
        print(j)
        print("hello")

>>>
0
hello
1
```

```
hello
2
hello
```

in 뒤에 오는 리스트의 요소들을 앞에서부터 순서대로 하나씩 in 앞에 있는 j라는 변수에 넣어 for문에 속한 문장들을 실행한다. 즉, 위 코드에서 in 뒤에 있는 리스트는 [0, 1, 2]이고 각 요소는 0, 1, 2이다. for 문에 속한 2개의 프린트는 j가 0일 때, 1일 때, 2일 때 총 3번의 반복한다.

1부터 10까지 더하여 합을 구하는 프로그래밍을 for문을 이용하여 만들어보면, 다음과 같다.

| 예제 |

```
>>>sum = 0
>>>for j in [1,2,3,4,5,6,7,8,9,10]:
        sum = sum +j

>>>print(sum)
```

이번에는 1부터 100까지 합을 구하는 프로그래밍을 만들어보자. 위의 예처럼 100까지 들어있는 리스트를 하나하나 작성하는 것은 비효율 적이므로 for in range 문을 사용한다. range는 시작과 끝의 위치를 정해 주면 자동으로 리스트를 만들어주는 명령어이다.

[1, 2, 3, 4, 5, 6, 7, 8, 9, 10]과 range(1,11)은 의미하는 바가 같다. for 변수 in range(1, 11)은 변수에 1부터 11이전의 값까지 넣어서 반복 진행하라는 의미이다. range가 0부터 시작될 경우 range(0, 200)은 range(200)으로 줄여서 쓸 수 있다.

| 예제 |

```
>>>sum = 0
>>>for j in range(1,101):
        sum = sum +j

>>>print(sum)
5050
```

2.4.3 while 반복문

for문과 마찬가지로 반복해서 문장을 수행할 수 있도록 해준다. while문이 편리할 때가 있고 for문이 편리한 경우가 있다.

while문 구조

```
while 반복 조건
        반복 조건이 true일 경우 반복할 수행문
```

| 예제 |

```
>>>j = 0
>>>while j<3:
        j = j + 1
        print(j)
                        (엔터를 한 번 더 치기)
1
2
3
```

위의 프로그램은 j값이 3보다 작은 동안 j=j+1과 print(j)를 수행하라는 말이다. j값이 3보다 같거나 커지게 되면 while문의 반복 조건이 만족되지 않으므로 while문을 빠져나가게 된다.

for 루프문과 while 루프문은 코드의 반복 실행에 사용된다는 공통점이 있지만, 경우에 따라 각각 적당한 상황이 다를 수 있다. for 문은 반복의 횟수를 지정하는 반면 while 루프는 반복의 조건을 지정한다는 차이점이 있다.

예를 들어 앞서 for문을 이용하여 1부터 10까지 더한 합을 출력하는 프로그래밍을 while을 이용하여 만들어보자.

| 예제 |

```
>>>j = 1
>>>sum = 0
>>>while j<11:
        sum = sum+j
        j=j+1
                        (엔터를 한 번 더 치기)
>>>print(sum)
55
```

break를 사용하면 그 문장이 속한 루프문을 빠져나가게 된다.

| 예제 |

```
>>>j=0
>>>while j<100:
        print(j, end = ' ')
        j = j+1
        if j ==20:
            break
```

이중 for 루프문: for 루프 안에 for 루프가 존재할 때, 이를 가르켜 '이중 for 루프'라 한다.

이중 for 루프를 이용하여 구구단을 프로그래밍 해보자.

| 예제 |

```
>>>for i in range(2,10):
      for j in range(1,10):
         print(i*j, end=" ")
      print('')
```
                        (엔터를 한 번 더 치기)

```
2 4 6 8 10 12 14 16 18
3 6 9 12 15 18 21 24 27
4 8 12 16 20 24 28 32 36
5 10 15 20 25 30 35 40 45
6 12 18 24 30 36 42 48 54
7 14 21 28 35 42 49 56 63
8 16 24 32 40 48 56 64 72
9 18 27 36 45 54 63 72 81
```

연습문제

1. 1부터 10까지 for 문을 이용하여 곱하는 함수를 만들고 출력하여 보자.

2. 10부터 100까지 합하는 함수를 for~in range문으로 만들어보자.

3. 10부터 100까지 합하는 함수를 while문을 이용하여 만들어보자.

4. 1부터 100까지 3의 배수만 합하는 함수를 만들고 그 더한 값을 출력하여 보자.

5. 1부터 30까지 3의 배수들을 모두 더하고, 3의 배수가 아닌 수를 모두 곱하는 함수를 만들어서 각각의 결과 값을 출력해보자.

6. 1부터 1씩 증가시켜 더한 수가 200보다 커지면 멈추게 한다. 이때 200 이상이 되려면 몇 까지 합해야 하는지 출력하라.

7. 프로그램 사용자로부터 4 이상의 두 정수를 입력 받아서 그 합을 5로 나누었을 때 그 나머지 값에 따라서 다음 중 한 가지 연산을 하도록 코드를 만들어보자.

> 나머지가 0인 경우 덧셈 함수를 만들어 두 수를 연산하여 출력한다.
> 나머지가 1인 경우 뺄셈 함수를 만들어 두 수를 연산하여 출력한다.
> 나머지가 2인 경우 곱하는 함수를 만들어 두 수를 연산하여 출력한다.
> 나머지가 3인 경우 나누기 함수를 만들어 두 수를 연산하여 출력한다.
> 나머지가 4인 경우 거듭제곱(**) 함수를 만들어 두 수를 연산하여 출력한다.
> 음수가 입력되는 경우는 아무것도 수행하지 않는다.

2.5 클래스(class)

파이썬에서 가장 중요한 부분이 바로 이 클래스 부분이다. 클래스는 객체 지향 프로그래밍에서 반드시 사용하기 때문에 중요하다. 클래스는 이름을 지정하여 만드는 하나의 독립공간이고, 데이터와 함수와 데이터를 같이 다루어 실행을 하도록 하는 역할을 하는 것이 목적이다. 이 설명은 이전 파트에서도 비슷한 내용을 공부한 것이 기억이 있을 것이다.

변수를 설명할 때도 저장 공간이라는 설명을 했었다. 그러면 변수와 클래스의 차이는 무엇일까? 변수는 하나의 자료를 저장한다. a = 1과 같이 단 하나의 자료를 저장한다. 리스트에서는 a = [1, 2, 3, 4] 또는 a = [1, 'p', 2]와 같이 좀 더 여러 개의 자료를 저장한다. 리스트에서는 배열을 이용할 수 있다. 여기에 함수 기능까지 저장하는 것을 클래스로 생각하면 된다. 변수와 같은 개념이 클래스 안에서 작동하면 이것을 변수라고 부르지 않고 속성이라고 부른다. 그리고 함수와 같은 개념이 클래스 안에서 작동하면 이것을 함수로 부르지 않고 매서드(method)라고 부른다. 그 외에는 모두 함수라고 부른다. 클래스에서는 종종 self라는 단어가 쓰이는데 그것은 클래스 자기 자신(Class itself)이라고 생각하면 이해하기가 쉽다.

클래스가 없이도 프로그래밍을 하는 것은 가능하나, 클래스를 활용하면 코드가 간결해지고 체계적인 구성을 짤 수 있다. 머신러닝, 딥러닝, 빅데이터 등의 알고리즘을 만들 때 수 많은 데이터를 받고 어떤 연산을 하고 결과를 보여줘야 할 때 클래스가 유용하게 사용될 것이다. 클래스는 객체를 정의하는 데이터와 이를 활용하는 기능을 가지는 구조 같은 것이라고 생각하면 된다.

2.5.1 클래스 구조

클래스는 객체를 만들기 위한 일종의 설계도라면 객체는 클래스를 기반으로 만들어진 사물이다.

클래스의 구조

```
>>>class 클래스명:
        클래스 속성1
        클래스 속성 n
        def 클래스 매서드1 (self, 인수1, ..., 인수n)
            수행문
        def 클래스 매서드 n(self, 인수1, ..., 인수n)
            수행문
```

(1) 속성만 있는 경우

| 예제 |

```
>>>class VIP:
...         secret = "exam hints are on the page 10"
...
>>>
```

클래스를 실행시킬 때

```
>>>python_lover = VIP()
>>>python_lover.secret
exam is the same as the page 10
```

(2) 속성과 매서드가 있는 경우

| 예제 |

```
class Middle_exam:
    def __init__(self, name, mscore):
        self.name = name
        self.mscore = mscore
    def score(self):
        print(self.name,"중간고사 성적은", self.mscore,"점입니다.")
member1 = Middle_exam("김철수", 70)
print(member1.name)
print(member1.mscore)
member1.score()
김철수
70
김철수 중간고사 성적은 70점입니다.
```

_ _init_ _는 클래스에 사용되는 생성자 메서드(클래스내의 함수개념)이다.

```
__init__(self, 매개변수 1, 매개변수 2, ... 매개변수 n)
```

__init__(self, name)   name은 매개변수이다. self.name은 생성자 내의 속성이다. 객체 생성시 주어지는 매개변수와의 구별을 위해서 인스턴트 변수는 self.속성을 사용한다.

__del__(self)은 소멸자로 생성자는 값을 초기화하고 객체가 생성되었음을 알리고 소멸자는 객체가 소멸되었음을 알린다.

```python
def __del__(self):
    print(self.name + " 객체가 소멸합니다.")
```

클래스 상속

상위 클래스(부모 클래스)에서 상속받아 하위 클래스(자식 클래스)를 만들 수 있다. 즉 부모가 가지는 속성과 메서드를 상속 받을 수 있다.

```
class 자식 클래스명(상속 받으려는 부모 클래스명):
    super( ). _ _ init_ _( )          부모의 속성을 상속
```

위의 중간고사 클래스를 상속시켜서 기말고사까지 출력해보면, Middle_exam 클래스를 상속하는 경우

| 예제 |

```python
class Middle_exam:
    def __init__(self, name, mscore):
        self.name = name
        self.mscore = mscore
    def score(self):
        print(self.name,"중간고사 성적은", self.mscore,"점입니다.")
class Final_exam(Middle_exam):
    def __init__(self, name, mscore,fscore)
        super().__init__(name, mscore)
        self.fscore=fscore
    def score_total(self):
```

```
                    print(self.name, "의 중간고사 성적은", self.mscore,
                            "점이고, 기말고사 성적은", self.fscore,"점이다")
member1 = Final_exam("김철수", 70, 90)
print(member1.name)
print(member1.mscore)
print(member1.fscore)
member1.score_total()
김철수
70
90
김철수 중간고사 성적은 70점이고, 기말고사 성적은 90점입니다.
```

같은 파일 내에서 클래스를 불러와서 메서드를 실행시킬 때

```
변수 = 클래스명()
변수.클래스내의 메서드명
```

2.5.2 모듈

모듈이란 함수나 변수 또는 클래스들을 모아 놓은 파일이다. 모듈은 이전에 만들어 놓은 다른 파이썬 프로그램에서 불러와서 사용할 수 있게 만들어진 파일이라고도 할 수 있다. 혹은 다른 사람이 만들어 놓은 파이썬 프로그램을 가져와 이용할 때도 유용하게 사용할 수 있다. 모듈은 모듈명.py 파일이다.

모듈 불러올 때는 모듈파일을 본인의 프로그램과 동일한 저장 위치, 즉 같은 디렉토리에 있어야 한다. 예를 들어 mod.py 파일을 불러올 때 import mod이다. import mod.py로 입력하면 작동하지 않는다.

```
>>>import 모듈명
```

위의 mod.py라는 별도의 파일내의 score라는 함수를 불러오고 싶은 경우

```
>>>import mod
```

mod 파일을 import한 후 mod.score 이용하여 함수를 불러올 수 있다. 또는 from ~ import를 사용하여 불러올 수 있다.

```
>>>from 모듈명 import 함수명
```

| 예제 |

```
>>>from mod import score
```

연습문제

1. A의 생일은 1973년 1월 31일이다. B의 생일은 1980년 7월 25일이다. C의 생일은 1910년 5월 5일이다. D의 생일은 2000년 10월 9일이다. 2020년 9월 1일은 A, B, C, D의 나이가 몇 살인지 출력하는 프로그램을 짜보자.

2. 2020년 9월 1일 기준으로 A, B, C, D의 만 나이가 몇 살인지 출력하는 프로그램을 짜보자.

3. 클래스 개념을 이용하여 2035년 6월 1일은 A, B, C, D의 만 나이가 몇 살 인지 출력하는 프로그램을 짜보자.

4. 원의 넓이 구하는 모듈, 원통 넓이를 구하는 모듈, 원통의 부피를 구하는 모듈을 만들고 메인 코드에서 mod를 import 시켜 원의 반지름과 원통의 높이를 입력하고 원의 넓이, 원통 넓이, 원통 부피를 출력하는 프로그래밍을 작성해보자. (원의 반지름은 5 cm, 원통 높이는 10 cm를 입력하자.)

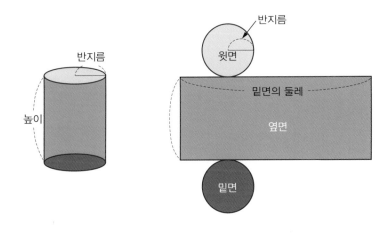

5. 다양한 연산 함수를 덧셈 함수(sum.py), 뺄셈 함수(subtract.py), 곱셈 함수 (multifier.py), 나눗셈 함수(divisionde.py), 거듭제곱 함수(power.py)를 각각 만들고, 모듈을 이용하여 불러서 다음과 명령을 실행하는 메인 코드를 만들어보자. 프로그램 사용자로부터 4이상의 두 정수를 입력 받아서 그 합을 5로 나누었을 때 그 나머지 값에 대해 다음 중 한가지 연산을 하도록 코드를 만들어보자.

나머지가 0인 경우 덧셈 함수를 만들어 두 수를 연산하여 출력한다.
나머지가 1인 경우 뺏셈 함수를 만들어 두 수를 연산하여 출력한다.
나머지가 2인 경우 곱하는 함수를 만들어 두 수를 연산하여 출력한다.
나머지가 3인 경우 나누기 함수를 만들어 두 수를 연산하여 출력한다.
나머지가 4인 경우 거듭제곱(**) 함수를 만들어 두 수를 연산하여 출력한다.

2.6 라이브러리 활용

2.6.1 Matplotlib 기초

파이썬의 Matplotlib는 데이터를 차트(chart)나 플롯(plot) 등의 그래프 형태로
시각화(visulaization)하여 주는 라이브러리로서, 사용자의 데이터 분석을 도와
주는데 사용된다. Matplotlib는 매틀랩과 유사한 인터페이스를 가지고 있으며,
앞에서 배운 import 명령어를 이용해서 다른 개발자가 개발한 다양한 라이브
러리를 활용할 수 있다. Matplotlib를 이용하면 데이터를 선그래프, 히스토그
램, 분산도, 3Dplot, Image plot, Contour plot등으로 시각화 할 수 있다.

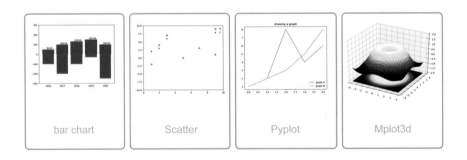

그림 2-11   Matplotlib 활용한 그래프 플롯팅 예시

공식 홈페이지(https://matplotlib.org)을 보면 설치 방법 및 다양한 예제 자료가
있으니 참조하면 도움이 된다.

설치 방법은 다음과 같다. 검색창에서 cmd를 치면 명령 프롬프트가 뜬다.

그림 2-12　명령 프롬프트

Matplotlib를 설치하기 위해 명령 프롬프트에 다음과 같이 타이핑한다.

```
py -m pip install -U pip
py -m pip install -U matplotlib
```

위의 방법으로 설치 되지 않으면 py 대신 python을 타이핑한다.

```
python -m pip install -U pip
python -m pip install -U matplotlib
```

그림 2-13　Matplotlib 설치방법

라이브러리를 import하는 방법은 다음과 같다.

| 예제 |

```
>>>import matplotlib                    matplotlib를 불러들이기
>>>import matplotlib.pyplot
                               matplotlib의 pyplot 함수를 불러들이기
>>>import matplotlib.pyplot as plt
                               pyplot 함수를 plt로 명명하고 불러들이기
>>>import numpy as np
>>>import urllib.request
>>>import matplotlib.animation
>>>from numpy import *                  고급수학계산
>>>from scipy.linalg import *           선형대수
>>>from pylab import *                  그래프 그리기
>>>from matplotlib.animation import FuncAnimation
>>>from mpl_toolkits.basemap import Basemap
```

기본 선 그래프를 그려보면,

| 예제 |

```
#pyplot을 plt로 줄여서 명명 설정
>>>import matplotlib.pyplot as plt

#y축 값 입력
>>>plt.plot([2, 4, 6, 8])

#그래프 출력
>>>plt.show()
```

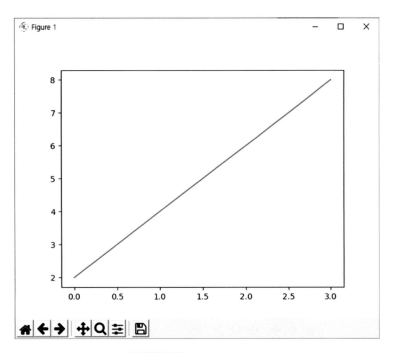

그림 2-14   선 그래프 플롯

x축은 자동으로 0부터 1씩 증가하는 정수이며, plot( )에 입력된 값은 y축이다.

다음은 x축 값과 y값을 넣어서 기본 그래프를 그려보면,

| 예제 |

```
>>>import matplotlib.pyplot as plt

#x축 값과 y축 값을 입력
>>>plt.plot([1, 2, 3, 4], [2, 8, 4, 6])

#모니터에 그래프 출력
>>>plt.show()
```

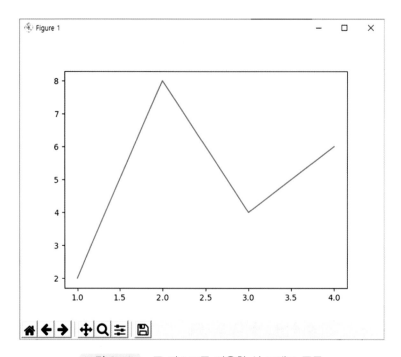

그림 2-15   두 리스트를 이용한 선 그래프 플롯

두 개의 리스트를 입력하면 첫 번째 값이 x값, 두 번째 값이 y값이다. 즉 x축 값은 1, 2, 3, 4이며, y축은 2, 4, 6, 8이 대응되도록 그린 그래프를 보여준다. 이때 x축과 y축 데이터의 개수가 동일해야 한다.

기본적인 그래프 기능에 그래프의 제목, 레이블, 범례(레전드, 두 개 이상의 그래프를 동시에 그릴 때) 등의 옵션을 추가해 보자.

| 예제 |

```
>>>import matplotlib.pyplot as plt

#그래프 제목입력
```

```
>>>plt.title('drawing a graph')

#그래프 레이블
>>>plt.plot([1, 2, 3, 4], [2, 8, 4, 6], label = 'graph A')
>>>plt.plot([1, 2, 3, 5, 8], label ='graph B')

#범례 추가
>>>plt.legend()
>>>plt.show()
```

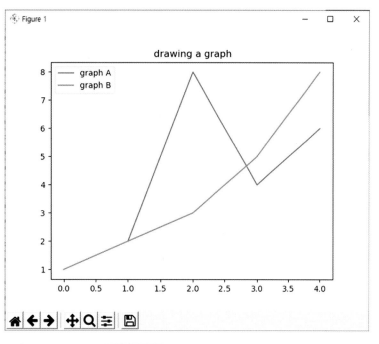

그림 2-16   그래프 스타일 변경

범례(legend)의 위치를 왼쪽 상단에서 오른쪽 하단으로 바꾸려면,

| 예제 |

```
>>>import matplotlib.pyplot as plt
>>>plt.title('drawing a graph')
>>>plt.plot([1, 2, 3, 4], [2, 8, 4, 6], label = 'graph A')
>>>plt.plot([1, 2, 3, 5, 8], label ='graph B')

#범례 위치 변경
>>>plt.legend(loc=4)
>>>plt.show()
```

범례 위치
0. 그래프에 따라 자동위치 선정
1. 오른쪽 상단   2. 왼쪽 상단   3. 왼쪽 하단
4. 오른쪽 하단   5. 오른쪽   6. 왼쪽 중앙
7. 오른쪽 중앙   8. 중앙 하단   9. 중앙 상단   10. 정중앙

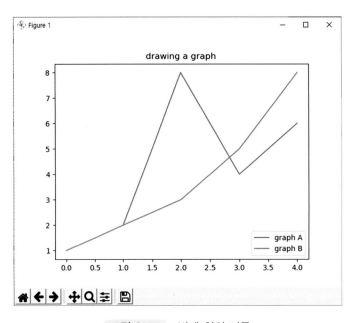

그림 2-17   범례 위치 이동

범례(legend)의 위치는 0~10으로 선정될 수 있다. legend의 default값은 0으로
그래프에 따라 자동 위치 선정된다. 다음은 그래프의 색상, 라인 스타일을 변
경하는 방법에 대한 설명이다.

| 예제 |

```
>>>import matplotlib.pyplot as plt
>>>plt.title('changing color in a graph')

#라인 색상변경, 라인 스타일 변경
>>>plt.plot([1, 2, 3, 4], [2, 8, 4, 6],
   color='blue', label = 'graph A')
>>>plt.plot([1, 2, 3, 5, 8], color='magenta',
   linestyle='--', label ='graph B')

#범례 위치 변경
>>>plt.legend(loc=5)
>>>plt.show()
```

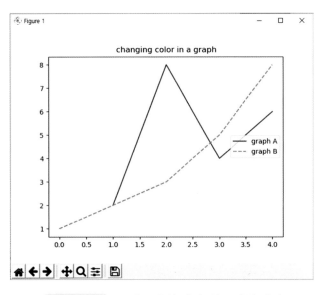

그림 2-18   그래프의 선 색상, 선 스타일 변경

표 2-3 그래프의 선 색상, 선 스타일 변경 방법

문자	스타일	문자	스타일	문자	스타일
—	solid	.	point	b	blue
——	dached	,	pixel	g	green
−.	dash dot	o	circle	r	red
:	dotted	v	triangle down	c	cyan
		^	triangle up	m	magenta
		⟨	triangle left	y	yellow
		⟩	triangle right	k	block
				w	white

[표 2-3]과 같이 기본적인 색상 (빨, 노, 초, 파, 검)이라면 영어 단어 첫 글자로도 색상변경이 가능하다. color='red' 대신에 color='r'을 쓸 수 있다. 또한 그래프 선 스타일도 변경할 수 있다.

| 예제 |

```
>>>import matplotlib.pyplot as plt
>>>plt.title('changing color in a graph')

# 그래프 A의 선 색상 및 스타일 변경
>>>plt.plot([1, 2, 3, 4], [2, 8, 4, 6], 'r.--',
   label = 'graph A')

# 그래프 B의 선 색상 및 스타일 변경
>>>plt.plot([1, 2, 3, 5, 8], 'g^:', label ='graph B')

#범례위치 변경
>>>plt.legend(loc=5)
```

```
#모니터에 그래프 출력
>>>plt.show()
```

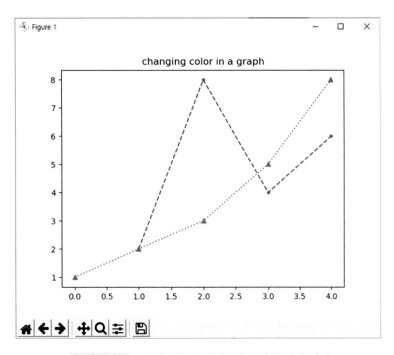

그림 2-19   그래프의 선 색상, 선 스타일 간단 변경

2.6.2 ▶ Matplotlib 활용예제

2.6.2절에서는 다양한 예제를 변형하여 여러 가지 그래프 가시화를 구현하고 코드에 대한 설명을 추가하였다. 코드 중간에 #주석을 달아 쉽게 이해할 수 있도록 설명을 추가하였다.

-pi에서부터 pi까지 Sin 그래프를 그려보는 예제이다.

| 예제 |

```
>>> import numpy as np
>>> import matplotlib
>>> from pylab import *

#x축 범위 및 x값 개수 결정
>>> X=np.linspace(-np.pi, np.pi, 256, endpoint=True)
#sin 그래프
>>> S=np.sin(X)

#x축 y축 플롯팅
>>> plt.plot(X,S)
[<matplotlib.lines.Line2D object at 0x01247490>]
>>> plt.show()
```

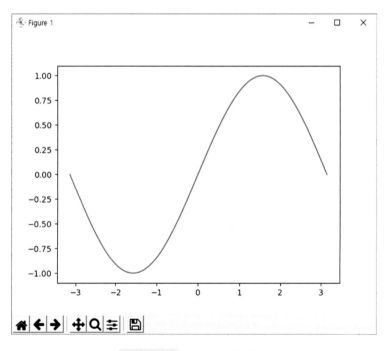

그림 2-20   sin 그래프 플롯

-pi에서부터 pi까지 Sin 그래프를 그릴 때 linspace의 256을 5로 변경할 경우 예제이다.

| 예제 |

```
>>> import matplotlib
>>> from pylab import *

#x축 범위 및 x값 개수를 256개에서 5개로 변경
>>> X=np.linspace(-np.pi, np.pi, 5, endpoint=True)
>>> S=np.sin(X)

#X와 S를 그래프 플롯
>>> plt.plot(X,S)

#그래프 출력
>>> plt.show()
```

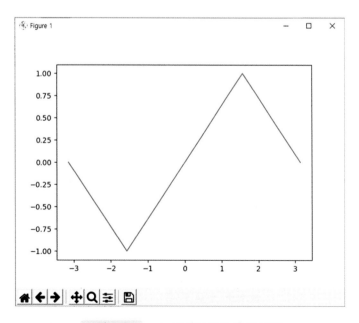

그림 2-21 sin 그래프 플롯 옵션 변경

다음은 -pi에서부터 pi까지 사인그래프를 그릴 때 linspace의 endpoint = False
로 변경하여 endpoint(X=pi인 곳)를 그래프 그릴 때 포함시키지 않는 경우 예
제이다. 플롯한 그래프를 png 그림 파일로 저장해보자.

| 예제 |

```
>>> import matplotlib
>>> from pylab import *

#x값 개수에서 마지막 값 x=pi를 제외하고 5개로 변경
>>> X=np.linspace(-np.pi, np.pi, 5, endpoint=False)
>>> S=np.sin(X)
>>> plt.plot(X,S)

#singraph.png파일명으로 png그림파일 저장
>>> savefig('singraph.png', dpi=72)

#그래프 출력
>>> plt.show()
```

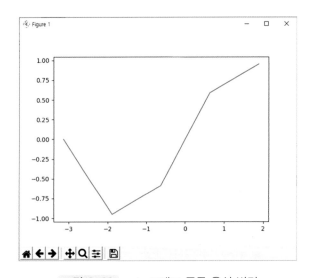

그림 2-22   sin 그래프 플롯 옵션 변경

다음은 -pi에서부터 pi까지 Sin, Cos 그래프를 그리는 예제이다.

| 예제 |

```
>>> import matplotlib
>>> from pylab import *
#x축 범위
>>> X=np.linspace(-np.pi, np.pi, 256, endpoint=True)

#cos, sin 함수
>>> C,S=np.cos(X), np.sin(X)
#cos 함수 플롯
>>> plt.plot(X,C)
[<matplotlib.lines.Line2D object at 0x040FDCB8>]

#sin 함수 플롯
>>> plt.plot(X,S)
[<matplotlib.lines.Line2D object at 0x040FDC28>]
>>> plt.show()
```

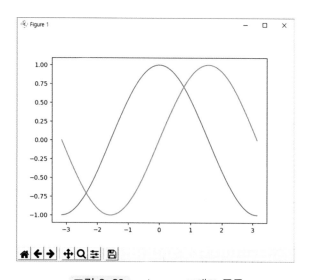

그림 2-23　sin, cos 그래프 플롯

다음은 아래와 같은 사인 그래프에 옵션을 추가한 예제이다. 웹페이지(https://github.com/rougier)에서 제공하고 있는 다양한 예제를 다양하게 변형하여 여러 가지 그래프 가시화를 구현하고 #영어주석을 이용하여 그에 대한 설명을 추가하였다.

| 예제 |

```python
import numpy as np
import matplotlib.pyplot as plt
from pylab import *
plt.figure(figsize=(8,5), dpi=80)

#Moving spines
ax = plt.subplot(111)
ax.spines['right'].set_color('none')
ax.spines['top'].set_color('none')
ax.xaxis.set_ticks_position('bottom')
ax.spines['bottom'].set_position(('data',0))

#ax.yaxis.set_ticks_position('left')
ax.spines['left'].set_position(('data',0))
X = np.linspace(-np.pi, np.pi, 256,endpoint=True)

#set cosine, sine value
C,S = np.cos(X), np.sin(X)

#Set linestyle and line color
plt.plot(X, C, color="blue", linewidth=2.5, linestyle="-",
        label="cosine",zorder=-1)
plt.plot(X, S, color="red", linewidth=2.5, linestyle="-",
        label="sine", zorder=-2)
```

```python
#Set x limits
plt.xlim(X.min()*1.1, X.max()*1.1)

#Setting x-axis tick labels
plt.xticks([-np.pi, -np.pi/2, 0, np.pi/2, np.pi],
[r'$- pi$', r'$- pi/2$', r'$0$', r'$+ pi/2$', r'$+ pi$'])

#Set y limits
plt.ylim(C.min()*1.1,C.max()*1.1)

#Setting y-axis tick labels
plt.yticks([-1, +1],
[r'$-1$', r'$+1$'])

#Adding a legend
plt.legend(loc='upper left', frameon=False)

#Annotate some points
t = 2*np.pi/3
plt.plot([t,t],[0,np.cos(t)],
color ='blue', linewidth=1.5, linestyle="--")
plt.scatter([t,],[np.cos(t),], 50, color ='blue')

plt.annotate(r'$ sin(\frac{2 \pi}{3} )= \frac{\sqrt {3}}{2} $',
xy=(t, np.sin(t)), xycoords='data',

xytext=(+10, +30), textcoords='offset points', fontsize=16,
arrowprops=dict(arrowstyle="->", connectionstyle="arc3,rad=.2"))
plt.plot([t,t],[0,np.sin(t)],
color ='red', linewidth=1.5, linestyle="--")
plt.scatter([t,],[np.sin(t),], 50, color ='red')
```

```
plt.annotate(r'$ cos( \frac{2 \pi}{3} )=- \frac{1}{2} $',
xy=(t, np.cos(t)), xycoords='data',
xytext=(-90, -50), textcoords='offset points', fontsize=16,
arrowprops=dict(arrowstyle="->", connectionstyle="arc3,rad=.2"))

for label in ax.get_xticklabels() + ax.get_yticklabels():
    label.set_fontsize(16)
    label.set_bbox(dict(facecolor='white', edgecolor='None',
                alpha=0.65 ))

#nameing and saving a figure file
plt.savefig("sine_cosine_plot.png",dpi=72)
plt.show()
```

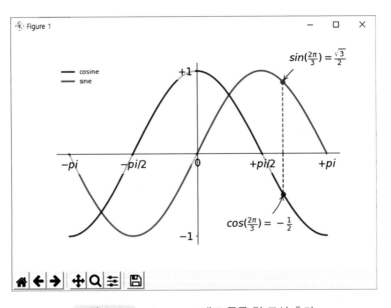

그림 2-24   sin, cos 그래프 플롯 및 표시 추가

다음은 컬러 맵(color map)을 사용하는 예제이다.

| 예제 |

```
import numpy as np
import matplotlib.pyplot as plt

#그래프 객체 생성
fig = plt.figure()
#mesh를 10 x 10으로 설정, 컬러 binary로 설정
plt.pcolormesh(np.random.rand(10,10), cmap=plt.cm.binary)

#그래프 출력
plt.show()
```

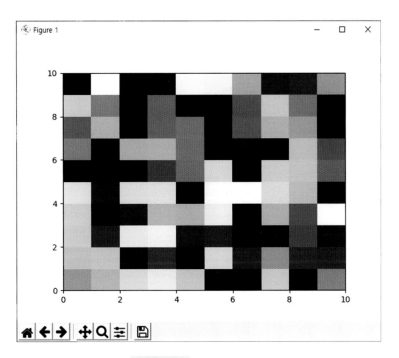

그림 2-25   2D color map

컬러 설정은 다양한 컬러맵을 이용하여 설정할 수 있다. 예를 들면 sequential color maps, diverging color maps, qualitative color maps 등이 있고 몇 가지 예이다. [그림 2-26]

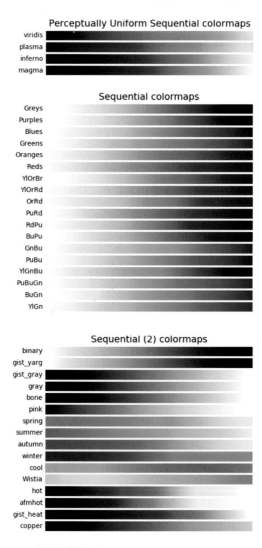

그림 2-26 color example code

다음은 바(Bar) 그래프를 그려보는 예제이다.

| 예제 |

```python
import numpy as np
import matplotlib.pyplot as plt
from pylab import *

#arange(5)의 경우 [0,5)
#즉 0을 시작으로 1간격으로 떨어진 [0,1,2,3,4]의 형태로 반환
n = 5
x = np.arange(n)
year =['2016','2017','2018','2019','2020']
import_number = [50, 100, 130, 150, 100]
export_number = [-100, -200, -100, -30, -250]

#x축과 y값을 바그래프로 플롯
#바 그래프 색상, 경계선 색상 결정
plt.bar(x, import_number, facecolor='r', edgecolor = 'black')
plt.bar(x, export_number, facecolor='b', edgecolor = 'white')

#x축 플롯
plt.xticks(x,year)

#zip함수는 여럿의 리스트를 짝지어주는 역할을 함
for x,y in zip(x,import_number):
#import_value를 값을 써주고 쓰는 위치를 결정
plt.text(x+0.1, y+0.2, '%.2f' % y, ha='center', va= 'bottom')

#y축 플롯팅의 최대 최소값 정함
plt.ylim(-300,+300)
```

```
#그림파일로 저장
savefig('bar_ex.png', dpi=48)
plt.show()
```

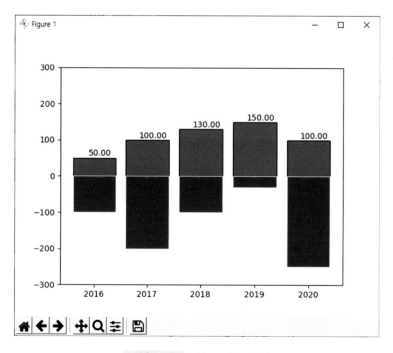

그림 2-27   바 그래프 플롯

다음은 분산도를 그리는 예제이다.

두 개 이상 변수 사이의 관계를 분석하기 위해 사용되는 도표를 분산도 또는 산포도라고 한다. 보통 2개의 X, Y사이의 관계를 살펴보는 경우가 일반적이다.

| 예제 |

```
import numpy as np
import matplotlib.pyplot as plt
from pylab import *

#A값과 B값 입력
A = [ 1, 2, 3, 5, 7, 9]
B = [-2, 4, 7, 0, 3, 1]
#A,B값을 이용해서 분산도를 그림
#점의 size는 50, 색상은 red, 투명도는 0.5
plt.scatter(A, B, s= 50, c = 'r', alpha = 0.5, label = 'B')

#두 리스트값을 이용하여 분산도를 그림
#점의 사이즈는 20, 색상은 blue, 투명도는 1.0
plt.scatter([1,2,3],[2,3,6], s = 20, c ='b', alpha = 1.0,
            label ='C')

#x축 범위 0~10
plt.xlim([0,10])

#y축 범위 -10~10
plt.ylim([-10, 10])

#범례 삽입
plt.legend()

#파일명
savefig('scatter_ex1.png',dpi=48)
plt.show()
```

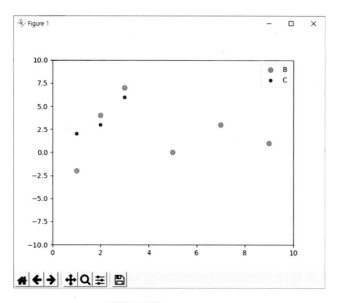

그림 2-28   산포도 플롯

다음은 랜덤 값을 이용하여 분산도(scatter plot)를 그리는 예제이다.

| 예제 |

```
import numpy as np
import matplotlib.pyplot as plt
from pylab import *

#점의 개수정하기
n = 1024

#X와 Y값을 랜덤으로 정하기
X = np.random.normal(0,1,n)
Y = np.random.normal(0,1,n)

#X와 Y의 각도에 따라 T값이 변하게 설정.
T = np.arctan2(Y,X)
```

```
#축의 위치
plt.axes([0.025,0.025,0.95,0.95])

#X,Y값을 이용하여 분산도 그리기
#점의 사이즈 75, 컬러는 T, 투명도 0.5
plt.scatter(X,Y, s=75, c=T, alpha=.5)

#X, Y축 범위 정하기
plt.xlim(-1.5,1.5), plt.xticks([])
plt.ylim(-1.5,1.5), plt.yticks([])

#파일명 정하여 저장하기
savefig('scatter_ex2.png',dpi=48)

#그래프 출력하기
plt.show()
```

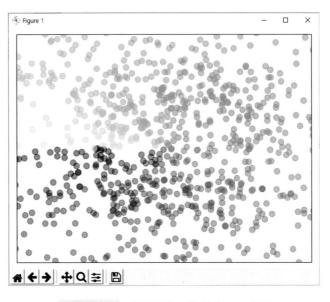

그림 2-29   랜덤값을 이용한 산포도 플롯

다음은 등고선 선도(Contour plot)를 그리는 예제이다.

| 예제 |

```python
import numpy as np
import matplotlib.pyplot as plt

#x와y값을 넣었을 때 f(x,y)값 정의
def f(x,y):
    return (1-x/2+x**5+y**3)*np.exp(-x**2-y**2)

# 하나의 contour를 그릴 때 256개의 점을 이어서 그린다.
n = 256
x = np.linspace(-3,3,n)
y = np.linspace(-3,3,n)
X,Y = np.meshgrid(x,y)
plt.axes([0.025,0.025,0.95,0.95])

#contour의 색깔 분류를 6개로 함.
plt.contourf(X, Y, f(X,Y), 6, alpha=.75, cmap=plt.cm.hot)

#등고선을 그릴 때 6개로 분류한 값에 그림
C = plt.contour(X, Y, f(X,Y), 6, colors='black', linewidth=.5)
plt.clabel(C, inline=1, fontsize=10)

#눈금설정
plt.xticks([]), plt.yticks([])
plt.show()
```

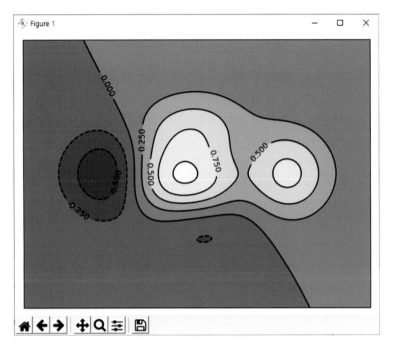

그림 2-30   등고선 선도 플롯

다음은 3차원 그래프(3D plot)를 그리는 예제이다

Matplotlib은 mpl_toolkits 모듈로 3차원 그래프를 그릴 수가 있는데, Axes3D 객체를 생성 후에 3차원 그래프를 그리는 방식이다.

| 예제 |

```
import numpy as np
import matplotlib.pyplot as plt
from mpl_toolkits.mplot3d import Axes3D
from pylab import *

#그래프 객체 생성
fig = plt.figure()
```

```python
#3D 객체 생성, 축을 생성
ax = Axes3D(fig)
#or ax =fig.add_subplot(111,projection='3d')
#or ax=fig.gca(projection ='3d')
#X,Y는 numpy를 사용하여 -4에서 4까지 -0.25간격으로 array를 생성한
것을 X, Y에 대입
X = np.arange(-4, 4, 0.25)
Y = np.arange(-4, 4, 0.25)

#만들어진 X, Y 행렬을 (X,Y)형의 좌표로 변환하는 과정
X, Y = np.meshgrid(X, Y)

#R과 Z 에 대한 식
R = np.sqrt(X**2 + Y**2)
Z = np.sin(R)

#그래프 그리기
#rstride, cstride는 색의 변화율 설정 기능.
#기본값이 1임. 숫자가 커질수록 색이 거칠게 변경.
#alpha는 본 코드에서 설정하지 않았으나 보통 투명도 (알파값) 설정
#cmap은 그래프의 디자인 모양
ax.plot_surface(X, Y, Z, rstride=1, cstride=1, cmap=plt.cm.hot)
ax.contourf(X, Y, Z, zdir='z', offset=-2, cmap=plt.cm.hot)

#z축 플로팅 최대값 설정
ax.set_zlim(-2,2)

#파일 이름 명명
savefig('plot3d_ex.png',dpi=48)

#만들어진 그래프 출력
plt.show()
```

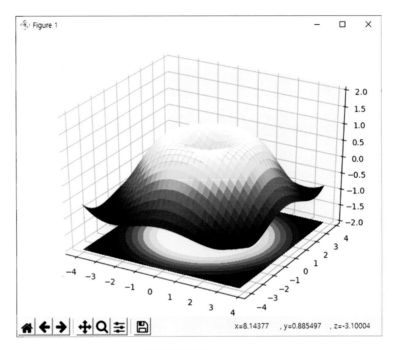

그림 2-31   3D 플롯

다음은 cos 그래프를 따라 마커 포인트가 이동하는 것을 보여주는 동영상 예제이다.

matplotlib.animation 패키지는 동영상을 제작하기 위한 몇 가지의 클래스를 제공하는데, 그중에 FuncAnimation은 반복적으로 함수를 호출하여 애니메이션을 제작한다. 다음 예제에서는 animate( )를 이용하여 코사인 cos 그래프에서 점의 좌표를 변경하는 animation을 만든다.

| 예제 |

```python
import numpy as np
import matplotlib.pyplot as plt
import matplotlib.animation as animation


T = 2*np.pi
fig, ax = plt.subplots()

x = np.arange(0.0, T, 0.001)
y = np.cos(x)
l = plt.plot(x, y)

ax = plt.axis([0,T,-1,1])

redpoint, = plt.plot([0], [np.cos(0)], 'ro')

def animate(i):
    redpoint.set_data(i, np.cos(i))
    return redpoint,

# animate() function을 이용하여 동영상을 제작
# 여기서 interval을 크게 할수록 마커 점의 이동 속도가 느려진다.
myAnimation = animation.FuncAnimation(fig, animate,
                frames=np.arange(0.0, T, 0.1), interval=100,
                blit=True, repeat=True)

#동영상 출력
plt.show()
```

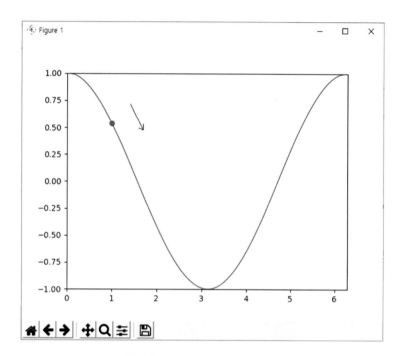

그림 2-32   cos 그래프 동영상

위의 예제에서와 같이 코딩 시에 한줄에 코딩하기에 너무 길 경우, \ 이용하여 계속된다는 표시를 남기고 다음 줄에 코딩을 계속할 수 있다.

| 예제 |

```
myAnimation = animation.FuncAnimation(fig, animate, \
    frames=np.arange(0.0, T, 0.1), interval=100, blit=True,
    repeat=True)
```

다음은 분산된 링을 그린 예제이다.

| 예제 |

```python
import numpy as np
import matplotlib
import matplotlib.pyplot as plt
from matplotlib.animation import FuncAnimation

# No toolbar
matplotlib.rcParams['toolbar'] = 'None'

# white background에서 새로 그림 설정
fig = plt.figure(figsize=(6,6), facecolor='white')

# 새로운 axis 설정 및 1:1 aspect ratio
# ax = fig.add_axes([0,0,1,1], frameon=False, aspect=1)
ax = fig.add_axes([0.005,0.005,0.990,0.990], frameon=True,
    aspect=1)

# 링의 수
n = 50
size_min = 50
size_max = 50*50

# 링의 위치
P = np.random.uniform(0,1,(n,2))

# 링 색상 결정
C = np.ones((n,4)) * (0,0,0,1)

#링의 투명도 설정
# 투명도 0 (transparent: 투명) 에서 1 (opaque: 불투명)까지
C[:,3] = np.linspace(0,1,n)

# 링 사이즈
S = np.linspace(size_min, size_max, n)
```

```
# 분산도
scat = ax.scatter(P[:,0], P[:,1], s=S, lw = 0.5,
edgecolors = C, facecolors='None')
# Ensure limits are [0,1] and remove ticks
ax.set_xlim(0,1), ax.set_xticks([])
ax.set_ylim(0,1), ax.set_yticks([])

#png파일로 저장하기
plt.savefig("ring.png",dpi=72)

#모니터에 출력
plt.show()
```

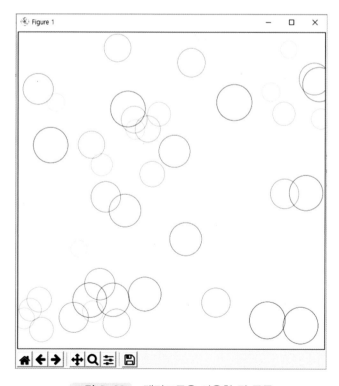

그림 2-33   랜덤모듈을 이용한 링 플롯

이 분산된 링 그래프를 animation 형식으로 표현한 예제이다. 위의 예제에 코드를 더 추가해보면,

| 예제 |

```python
import numpy as np
import matplotlib
import matplotlib.pyplot as plt
from matplotlib.animation import FuncAnimation

# No toolbar
matplotlib.rcParams['toolbar'] = 'None'

fig = plt.figure(figsize=(6,6), facecolor='white')
ax = fig.add_axes([0.005,0.005,0.990,0.990], frameon=True,
    aspect=1)
n = 50
size_min = 50
size_max = 50*50
P = np.random.uniform(0,1,(n,2))
C = np.ones((n,4)) * (0,0,0,1)
C[:,3] = np.linspace(0,1,n)
S = np.linspace(size_min, size_max, n)
scat = ax.scatter(P[:,0], P[:,1], s=S, lw = 0.5,
edgecolors = C, facecolors='None')
ax.set_xlim(0,1), ax.set_xticks([])
ax.set_ylim(0,1), ax.set_yticks([])
def update(frame):
    global P, C, S

#추가된 코드
# 링을 점점 더 투명화함.
```

```
    C[:,3] = np.maximum(0, C[:,3] - 1.0/n)

# 링을 점점 증가시킴
    S += (size_max - size_min) / n

# 특정 링 리셋 (relative to frame number)
    i = frame % 50
    P[i] = np.random.uniform(0,1,2)
    S[i] = size_min
    C[i,3] = 1

# scatter object 업데이트
    scat.set_edgecolors(C)
    scat.set_sizes(S)
    scat.set_offsets(P)
    return scat,
#동영상 형식화 시킴
animation = FuncAnimation(fig, update, interval=10)
animation.save('rain.gif', writer='imagemagick', fps=30,
            dpi=72)
plt.show()
```

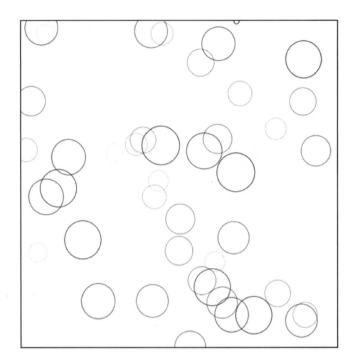

그림 2-34 랜덤모듈을 이용한 링의 이동 애니메이션

다음은 아래와 같은 문자(text) 관련 예제이다. 방정식을 추가하여 랜덤한 크기로 랜던한 위치, 랜덤한 투명도를 설정하여 방정식을 계속 덮어서 text를 보여주는 예제이다.

| 예제 |

```python
import numpy as np
import matplotlib.pyplot as plt
from pylab import *
eqs = []
```

```
#첫번째 방정식을 추가한다
eqs.append(r"$E = mc^2 $" )
#두번째 방정식을 추가한다
eqs.append((r"$F_G = G \frac{m_1m_2}{r^2} $"))

#세번째 방정식을 추가한다
eqs.append((r"$ \frac{d\rho}{d t}  +  \rho  \vec {v} \cdot
\nabla \vec{v}  = - \nabla p + \mu \nabla^2  \vec{v}  +  \rho
\vec{g} $"))
plt.axes([0.025,0.025,0.95,0.95])

#방정식을 출력하는 횟수 10으로 설정
#방정식 사이즈, 방정식 위치, 투명도등 스타일을 랜덤하게 설정
for i in range(10):
    index = np.random.randint(0,len(eqs))
    eq = eqs[index]
    size = np.random.uniform(12,32)
    x,y = np.random.uniform(0,1,2)
    alpha = np.random.uniform(0.25,.75)
    plt.text(x, y, eq, ha='center', va='center',
            color="#11557c", alpha=alpha,transform=
            plt.gca().transAxes, fontsize=size,
            clip_on=True)
plt.xticks([]), plt.yticks([])
savefig('text_ex.png',dpi=48)
plt.show()
```

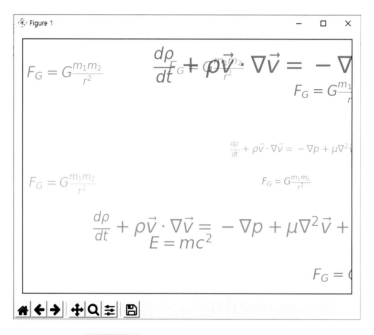

그림 2-35　랜덤모듈을 이용한 text 플롯

다음은 texting의 횟수와 방정식의 종류를 더 추가해 본 예이다.

| 예제 |

```
import numpy as np
import matplotlib.pyplot as plt
from pylab import *
eqs = []

#방정식추가
eqs.append((r"$W^{3\beta}_{\delta_1 \rho_1 \sigma_2} =
U^{3\beta}_{\delta_1 \rho_1} + \frac{1}{8 \pi 2}
\int^{\alpha_2}_{\alpha_2} d \alpha^\prime_2 \left[\frac{
U^{2\beta}_{\delta_1 \rho_1} - \alpha^\prime_2U^{1\beta}_
```

```
{\rho_1 \sigma_2} }{U^{0\beta}_{\rho_1 \sigma_2}}\right]$"))

eqs.append((r"$\int_{-\infty}^\infty e^{-x^2}dx=\sqrt{\pi}$"))

eqs.append(r"$E = mc^2 $" )

eqs.append((r"$F_G = G \frac{m_1m_2}{r^2} $"))

eqs.append((r"$ \frac{d\rho}{d t}  +  \rho  \vec {v} \cdot
\nabla \vec{v}  = - \nabla p + \mu \nabla^2  \vec{v}  +  \rho
\vec{g} $"))

plt.axes([0.025,0.025,0.95,0.95])

for i in range(24):
    index = np.random.randint(0,len(eqs))
    eq = eqs[index]
    size = np.random.uniform(12,32)
    x,y = np.random.uniform(0,1,2)
    alpha = np.random.uniform(0.25,.75)
    plt.text(x, y, eq, ha='center', va='center', color="#11557c",

alpha=alpha,transform=plt.gca().transAxes,  fontsize=size,
clip_on=True)

plt.xticks([]), plt.yticks([])

savefig('text_ex.png',dpi=48)

plt.show()
```

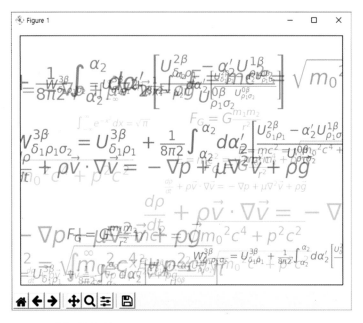

그림 2-36 랜덤모듈을 이용한 더 복잡한 text 플롯

다음은 Basemap 모듈을 이용한 예제를 다루어볼 것이다. Basemap은 GEOS에 기반하여 2D 데이터를 지도에 플로팅하는 Matplolib 툴킷입니다. Basemap의 설치가 필수이다. https://www.lfd.uci.edu/~gohlke/pythonlibs/#basemap에서 컴퓨터에 따라 아래 중에 한 파일을 다운로드한다.

```
basemap-1.2.1-cp38-cp38-win_amd64.whl
basemap-1.2.1-cp38-cp38-win32.whl
```

cmd 명령 프롬프트 창을 띄우고 다음과 같이 타이핑하여 basemap을 설치한다.

```
py -m pip install "basemap-1.2.1-cp38-cp38-win32.whl"
or
py -m pip install "basemap-1.2.1-cp38-cp38-amd64.whl"
```

그림 2-37 basemap 설치 진행 과정 및 완료

다음은 Basemap 모듈을 이용하여 지도 그리는 예제입니다.

| 예제 |

```
#basemap 모듈을 불러온다
from mpl_toolkits.basemap import Basemap
import numpy as np
import matplotlib.pyplot as plt
plt.figure(figsize=(10,10))

#latitude 위도(적도 기준) longitude 경도(영국 그리니치 천문대 기준)
map = Basemap(projection='ortho', lat_0=37.35,
       lon_0=126.58, resolution='i', area_thresh=1000.0)

#해안선 그리기
map.drawcoastlines()

#국경선 그리기
```

```
map.drawcountries()
#대륙을 회색으로 칠하기
map.fillcontinents(color='grey')

#경계선 그리기
map.drawmapboundary()

map.drawmeridians(np.arange(0, 360, 30))
map.drawparallels(np.arange(-90, 90, 30))

plt.show()
```

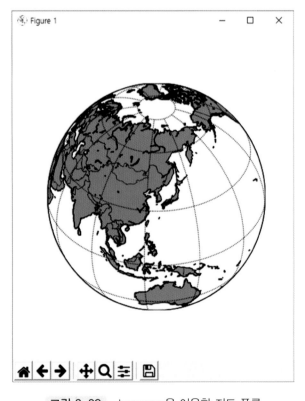

그림 2-38　basemap을 이용한 지도 플롯

다음은 basemap을 이용하여 대한민국 지도를 그리고 지도위에 인천을 파란색 마커로 위치를 표시해 보는 예제이다.

| 예제 |

```python
import numpy as np
import matplotlib.pyplot as plt
from mpl_toolkits.basemap import Basemap

plt.figure(figsize=(10,10))

#지도 범위 설정
map = Basemap(projection='merc', lat_0=37.35, lon_0=126.58,
    resolution = 'h', urcrnrlat=44, llcrnrlat=32,
    llcrnrlon=121.5, urcrnrlon=132.5)

#해안선 그리기
map.drawcoastlines()

#국경선 그리기
map.drawcountries()

#경계선 그리기
map.drawmapboundary()

# 인천의 위도 37.5도, 경도 126.5도
lat = 37.5
lon = 126.5
x,y = map(lon, lat)

#마커사이즈 12로 플롯
```

```
map.plot(x, y, 'bo', markersize=12)

plt.show()
```

그림 2-39   basemap을 이용한 인천을 마크한 대한민국 지도 플롯

다음은 세계지도에 30간의 지진 데이터을 동영상으로 보여주는 예제이다.

미국 국립지진정보센터(earthquake.usgs.gov)로부터 지진 데이터를 가져와 지도위에 animation으로 표시한 코드이다(Nicolas P. Rougier의 tutorial에서 제공). 데이터는 csv 파일에 있는 경우이다.

| 예제 |

```python
# ---------------------------------------------------------
# Copyright (c) 2014, Nicolas P. Rougier. All Rights Reserved.
# Distributed under the (new) BSD License.
# ---------------------------------------------------------
# Based on : https://peak5390.wordpress.com
# -> 2012/12/08/matplotlib-basemap-tutorial-plotting-global-
   earthquake-activity/
# ---------------------------------------------------------
import urllib
import numpy as np
import matplotlib
matplotlib.rcParams['toolbar'] = 'None'
import matplotlib.pyplot as plt
from mpl_toolkits.basemap import Basemap
from  matplotlib.animation import FuncAnimation

# Open the earthquake data
# ---------------------------------------------------------
# -> http://earthquake.usgs.gov/earthquakes/feed/v1.0/csv.php
feed = "http://earthquake.usgs.gov/earthquakes/feed/v1.0/
summary/"

# Significant earthquakes in the past 30 days
```

```python
# url = urllib.urlopen(feed + "significant_month.csv")

# Earthquakes of magnitude > 4.5 in the past 30 days
url = urllib.request.urlopen(feed + "4.5_month.csv")
# Earthquakes of magnitude > 2.5 in the past 30 days
# url = urllib.urlopen(feed + "2.5_month.csv")

# Earthquakes of magnitude > 1.0 in the past 30 days
# url = urllib.urlopen(feed + "1.0_month.csv")

# Set earthquake data
data = url.read()
data = data.split(b'\n')[+1:-1]
E = np.zeros(len(data), dtype=[('position',  float, 2),
                               ('magnitude', float, 1)])
for i in range(len(data)):
    row = data[i].split(b',')
    E['position'][i] = float(row[2]),float(row[1])
    E['magnitude'][i] = float(row[4])

fig = plt.figure(figsize=(14,10))
ax = plt.subplot(1,1,1)
P = np.zeros(50, dtype=[('position', float, 2),
                        ('size',     float, 1),
                        ('growth',   float, 1),
                        ('color',    float, 4)])

# Basemap projection
map = Basemap(projection='mill')
map.drawcoastlines(color='0.50', linewidth=0.25)
map.fillcontinents(color='0.95')
```

```python
scat = ax.scatter(P['position'][:,0], P['position'][:,1],
P['size'], lw=0.5, edgecolors = P['color'], facecolors=
'None', zorder=10)

def update(frame):
    current = frame % len(E)
    i = frame % len(P)

    P['color'][:,3] = np.maximum(0, P['color'][:,3] - 1.0/len(P))
    P['size'] += P['growth']

    magnitude = E['magnitude'][current]
    P['position'][i] = map(*E['position'][current])
    P['size'][i] = 5
    P['growth'][i]= np.exp(magnitude) * 0.1

    if magnitude < 6:
        P['color'][i] = 0,0,1,1
    else:
        P['color'][i] = 1,0,0,1
    scat.set_edgecolors(P['color'])
    scat.set_facecolors(P['color']*(1,1,1,0.25))
    scat.set_sizes(P['size'])
    scat.set_offsets(P['position'])

plt.title("Earthquakes > 4.5 in the last 30 days")
animation = FuncAnimation(fig, update, interval=10)
plt.show()
```

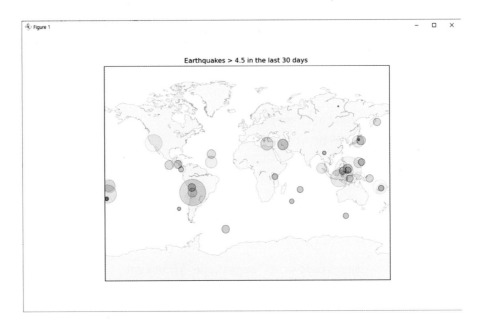

그림 2-40   30일간 세계의 지진 데이터를 동영상으로 보여주는 플롯

연습문제

1. 그래프 선과 마커를 표시한 그래프를 파이썬 프로그래밍하시오. [그림 2–41]와 같은 그래프를 출력하시오.

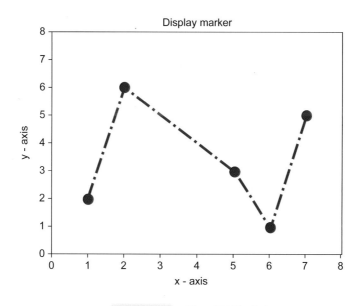

그림 2–41   선 그래프와 마커

2. 그룹 및 성별별로 점수 막대 그래프를 작성하는 Python 프로그래밍하자. Goup 1에서 Group 5에서의 남성과 여성의 평균 혈압을 함께 보여주는 bar 차트를 그려보자.

샘플 데이터 :

```
G1, G2, G3, G4, G5의 평균 혈압 (남자) = (122, 132, 133, 110, 116)
G1, G2, G3, G4, G5의 평균 혈압 (여성) = (125, 122, 130, 113, 109)
```

[그림 2-42]와 같은 바 차트 출력하시오.

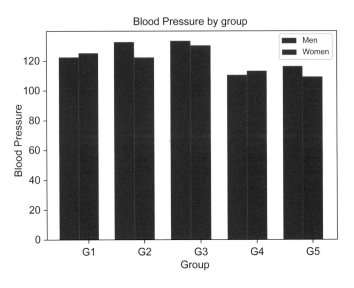

그림 2-42   G1, G2, G3, G4, G5의 남녀의 평균 혈압

3. 10명의 학생의 수학과 영어의 점수를 비교하여 분산도를 그리는 Python 프로그래밍을 해보시오. [그림 2-43]과 같이 수학 점수는 붉은색으로 영어점수는 파란색으로 표시하고 출력하시오.

샘플 데이터 :

```
수학 점수 = [78, 92, 80, 89, 100, 82, 60, 100, 80, 54]
영어 점수 = [35, 89, 75, 48, 100, 88, 52, 45, 90, 83]
점수 범위 = [10, 20, 30, 40, 50, 60, 70, 80, 90, 100]
```

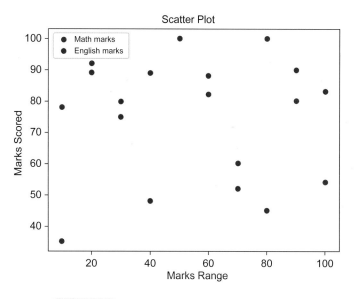

그림 2-43　10명 학생의 영어, 수학 점수의 분산도

4. 타원체(prolate spheroid)를 VOXEL을 이용해서 구현해보자. 타원체의 VOXEL PLOT을 출력해보자. [그림 2-44]과 같이 구(sphere)를 먼저 VOXEL을 이용해서 구현해보고 타원체[그림 2-45]로 변형해 보자.

구의 내부를 나타내는 방정식은 다음과 같다.

$$(x-0.5)^2 + (y-0.5)^2 + (z-0.5)^2 < 0.5^2$$

타원체의 내부를 나타내는 방정식은 다음과 같다.

$$(x-0.5)^2 + (y-0.5)^2 + 2(z-0.5)^2 < 0.5^2$$

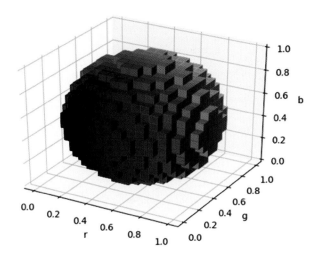

그림 2-44 구의 voxel/volumetric plot

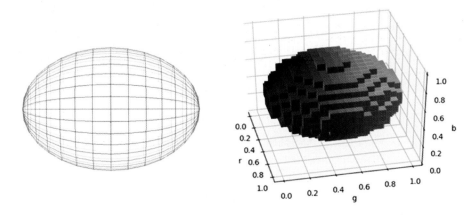

그림 2-45 타원체의 voxel/volumetric plot

## CHAPTER 3

머신 러닝의 알고리즘

기계 학습은 주어진 데이터로부터 규칙을 찾아내고, 이를 이용해서 미지의 새로운 데이터에 대하여 예측을 하고자 하는 것이 목적인 알고리즘이다. 현실적인 문제에서는 기계 학습을 사용하지 않고도 문제를 해결할 수 있는 경우도 있기 때문에 우선 기계 학습의 사용 목적을 정확히 파악하는 것이 중요하다.

예를 들어 다음 그림 3-1과 같이 소비자에게 제품 정보를 추천하는 경우에 학습이 잘 못 된 모델을 사용하게 되면 틀린 정보에 의한 추천을 할 수도 있다.

기계학습에 의한 추천   남성용 면도기는 필요없는데.....

남성이 구입할 것 같은 물건   20대의 여성 소비자

그림 3-1   틀린 정보에 의한 제품의 추천 사례

기계 학습에 의하여 제품을 추천하는 시스템의 경우에는 소비자 자신이 정보를 제공하여 추천을 하는 경우에 더 정확도가 높은 추천을 할 수 있게 된다(그림 3-2).

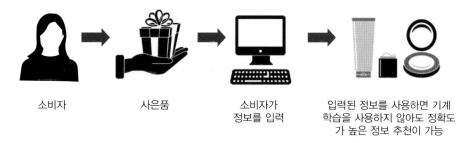

소비자   사은품   소비자가
정보를 입력   입력된 정보를 사용하면 기계
학습을 사용하지 않아도 정확도
가 높은 정보 추천이 가능

그림 3-2   소비자 자신이 정보를 제공하여 제품을 추천하는 경우의 사례

지도 학습에서는 정답 또는 오답(→모두 레이블이라고 함)을 갖고 컴퓨터(기계)가 학습을 하여 데이터로부터 예측을 하는 경우를 의미한다. 다음 그림 3-3에는 지도학습의 개념을 나타내었다.

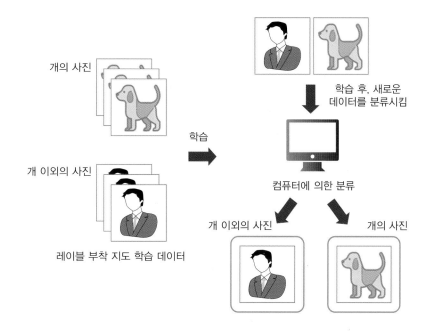

개의 사진

학습 후, 새로운
데이터를 분류시킴

학습

개 이외의 사진

컴퓨터에 의한 분류

개 이외의 사진   개의 사진

레이블 부착 지도 학습 데이터

그림 3-3   지도 학습의 개념

지도 학습의 사례로는 수신한 메일이 스팸인지 여부를 예측하는 시스템이 가장 널리 알려져 있고, 휴대폰으로 사진을 찍을 경우에 웃는 얼굴인지를 예측하는 시스템과 뉴스 기사의 분야를 예측하는 시스템에도 적용되고 있다.

지도 학습의 절차를 간단히 나타내면 다음 그림 3-4와 같다.

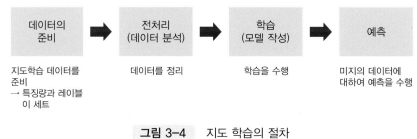

그림 3-4 지도 학습의 절차

우선 지도 학습 데이터를 작성(Labelling)을 한다. 레이블이 된 데이터의 질에 의하여 기계학습의 정확도가 크게 좌우되고 일반적인 레이블링 방법은 데이터의 양에 따라 다음과 같은 세 가지 방법 가운데 한 가지를 이용하여 결정하는 것이 필요하다.

(1) 인력(구성원)에 의하여 레이블링

(2) 클라우드 서비스에 의하여 레이블링

(3) 사용자(소비자)가 입력하도록 하여 레이블링(예 그림 3-2)

이와 같은 절차를 거쳐 데이터를 준비하고 분석을 위한 전처리(정규화 등)를 수행한 이후에 학습 모델을 생성한다. 학습 모델의 일반적인 구성 요소는

(1) 손실 함수(입력 데이터의 정답 레이블의 값과 모델이 계산한 값과의 차이)의 정의

(2) 손실 함수(코스트 함수 등)의 최소화에 적용할 최적화 기법을 결정

(3) 훈련 데이터를 활용한 최적화 기법을 적용하는 절차

등의 세 가지가 된다.

지도 학습(Supervised learning) 알고리즘은 위 절차에 따라 준비된 데이터로 손실 함수를 최소화하는 최적화 기법을 수행하여 학습 모델을 생성한다. 지도 학습에 사용되는 주요 알고리즘으로는 Linear regression, Logistic regression, SVM(support vector machine), Decision tree(결정목), Random forest, k-NN, Neural Network(신경망) 등이 있다. 이에 반하여 암묵적으로 최적화하는 것을 비지도 학습(Unsupervised learning)이라고 하고, 여기에는 k-means와 DBSCAN, Birch, Spectral Clustering 알고리즘 등이 해당이 된다.

기계 학습 알고리즘에 따라 Parametric model과 Non-parametric model을 비교를 하면 다음 표 3-1과 같다. Parametric model은 사람이 직접 데이터의 분포에 적합할 것으로 보이는 모델을 선정하고, 데이터의 분포를 잘 표현하는 모

표 3-1 기계 학습의 Parametric model과 Non-parametric model의 비교

예측 모델	특징	알고리즘의 예
Parametric	• 예측 모델을 설명하는 수식이 있음 • 패러미터 수가 고정 • 모델의 자유도가 제한되어 있어 과도학습의 위험이 적음 • 예측시는 훈련에서 얻은 패러미터를 사용하기 때문에 훈련 데이터는 불필요	선형회귀, 로지스틱 회귀, Gaussian Mixture Model
Non-parametric	• 훈련 데이터의 증가에 따라 패러미터수가 증가 • 모델의 자유도가 제한되지 않아 과도학습의 위험이 높음 • 예측시에 훈련 데이터를 사용	결정목, 랜덤포레스트, 서포트벡터머신(커널 사용), k-NN

델의 패러미터를 찾는 방법론이며, non parametric model은 정해진 모델이 없기 때문에 추정될 패러미터가 없고 데이터의 분포에 기반 하여 비슷한 입력에는 비슷한 출력을 내도록 모델을 찾는 방식이다.

머신 러닝의 학습 방법에 따라 지도학습과 비지도학습 그리고 강화학습으로 구분을 한다는 점은 1.2.1장에 기술한 바가 있다. 그리고 문제의 목적에 따라서 회귀, 분류 그리고 클러스터링으로 구분을 할 수 있다. 학습 방법과 문제의 목적에 따라 주요 알고리즘을 구분을 하면 표 3-2와 같다.

표 3-2 기계학습 알고리즘의 구분

Supervised Learning	Regression		Linear(Ordinary) Regression Bayesian Linear Regression Ridge Regression Lasso Regression Support vector Regression Random Forest Boost decision tree Neural network
	Classification	Two-class	Logistic Regression Random(Decision) Forest Boost decision tree Averaged perceptron Support Vector Machine Naive Bayes Neural network
		Multi-class	Logistic Regression Random(Decision) Forest One-v-all multiclass k-nearest neighbors Neural network
Unsupervised Learning	Clustering		k-means Gaussian mixture models spectral clustering Neural network
	Dimensional Reduction		Principal Component Analysis Linear Discriminant Analysis Neural network

3.2 경사하강법

다음에는 손실함수를 최적화(최소화)할 때 많이 사용하는 기법인 경사하강법 (Gradient descent) 또는 확률적 경사하강법(Stochastic Gradient descent)에 대하여 알아보도록 한다. 경사강하법은 선형회귀 알고리즘 이외에서도 사용할 수 있는 범용 계산 방법이고, 확률적 경사강하법은 대규모 데이터에서도 계산 가능하도록 확장한 계산 방법이다. 경사하강법은 로지스틱회귀, SVM, 신경망 등의 많은 알고리즘에서 최적의 파라미터를 찾는데 많이 사용된다.

경사하강법의 원리는 다음과 같다. 어떤 함수 $z = f(x, y)$의 최소값은 미분값이 0이 되는 지점이 되고, 그림으로 표시를 하면 다음 그림 3-5와 같이 나타낼 수 있다.

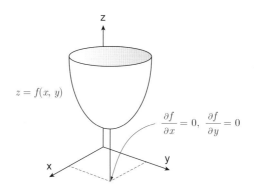

그림 3-5 함수가 최소값을 갖는 지점의 미분값

문제에 따라 해를 구하는 것이 쉽지 않을 수도 있기 때문에 경사하강법을 도입하였다. 경사하강법의 개념은 다음 그림 3-6과 같이 점 Q → 점 P로의 이동으로 생각될 수 있다.

그림 3-6 함수의 임의의 점에서 기울기(미분값)

이때 기울기의 근사 관계식은 $\Delta z = f(x + \Delta x, y + \Delta y) - f(x, y)$이 되고 다음의 관계가 성립이 되어 이로부터 다음의 관계로 나타낼 수가 있다.

$$\Delta z = \frac{\partial f(x,\ y)}{\partial x}\Delta x + \frac{\partial f(x,\ y)}{\partial y}\Delta y \tag{3.1}$$

이 관계식을 다음과 같은 벡터의 내적(inner product)으로 표현을 할 수 있다.

$$\left(\frac{\partial f(x,\ y)}{\partial x},\ \frac{\partial f(x,\ y)}{\partial y}\right),\ (\Delta x,\ \Delta y) \tag{3.2}$$

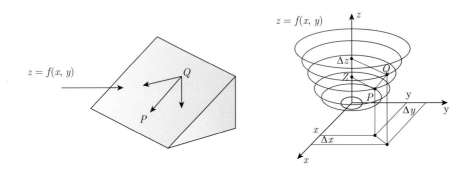

Δz가 최소가 되는 것은 두 벡터가 반대 방향일 경우이기 때문에 다음과 같은 관계를 가질 때이다.

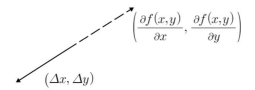

두 벡터의 내적은 $u \cdot v = \| u \| \| v \| \cos\theta$이기 때문에 두 벡터가 반대 방향일 경우에는 $u \cdot v = u_1 v_1 + u_2 v_2 + \cdots + u_n v_n$의 관계를 갖는다. 그리고 이상의 관계로부터 함수가 약간 이동하였을 경우에 최대로 감소하는 다음 지점은

$$(\Delta x, \Delta y) = -\eta \left(\frac{\partial f(x,y)}{\partial x}, \frac{\partial f(x,y)}{\partial y} \right) \tag{3.3}$$

이 된다. 이를 그림으로 표시를 하면 다음 그림 3-7과 같이 나타낼 수 있다.

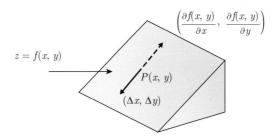

그림 3-7   함수의 약간 이동하여 최대로 감소하는 경우

이를 일반화하여 적용을 하면 다음 그림 3-8과 같이 나타낼 수 있게 된다.

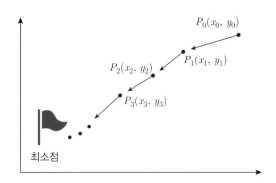

그림 3-8　　그림 P_0로부터 P_3으로 경사하강법에 의하여 최대 기울기 감소를 구한 결과

$$(\Delta x_1, \ \Delta x_2, \ \cdots, \ \Delta x_n) = -\eta \left(\frac{\partial f(x, \ y)}{\partial x_1}, \ \frac{\partial f(x, \ y)}{\partial x_2}, \ \cdots, \ \frac{\partial f(x, \ y)}{\partial x_n} \right) \qquad (3.4)$$

이와 같은 방식으로 함수의 최소값을 구할 것을 경사하강법이라고 한다. 여기서 학습률(η)의 최적값을 결정하는 것이 중요하다. 그림 3-9에는 학습율이 너무 큰 경우에 발생할 수 있는 학습 부족과 학습율이 너무 작은 경우에 발생할 수 있는 과도학습을 나타내었다. 학습율과 같은 하이퍼파라미터는 학습을 통하여 구할 수 없고 경험적으로 구할 수 있는 파라미터이다.

이상과 같은 경사하강법은 선형 회귀, 로지스틱 회귀, SVM, 딥러닝 등 많은 머신 러닝 알고리즘에 사용을 한다.

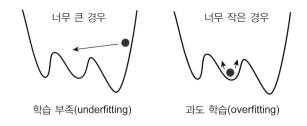

그림 3-9　　학습율의 대소에 따른 학습 부족과 과도학습 문제

회귀 알고리즘

3.3.1 회귀 목적 및 원리

다음에는 회귀 알고리즘에 대하여 알아본다. 회귀는 수치를 예측하는 문제를
일컫는 것으로, 입력과 출력의 관계(함수)를 추정(근사)하는 문제라고 할 수
있다. 그림 3-10에서는 직선으로 근사할 수 있는 데이터의 예(왼쪽)와 곡선으
로 근사할 수 있는 데이터의 예(오른쪽)를 나타내었다.

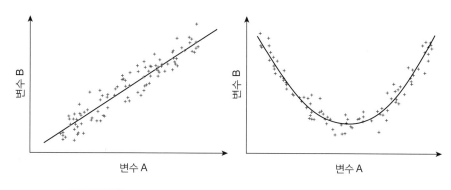

그림 3-10 직선과 곡선으로 근사(추정)할 수 있는 데이터의 예

머신러닝에서 회귀는 입력 데이터와 출력 데이터의 그룹으로부터 규칙을 찾
아내어 미지의 입력 데이터에 대하여도 적절한 출력을 예측할 수 있도록 하는
알고리즘이고, 정답(레이블) 데이터로부터 학습하기 때문에 지도 학습의 한
가지라고 할 수 있다.

회귀 알고리즘을 사용하는 목적은, 주어진 데이터에 대하여 관계를 나타내는 수식을 가정하여 해당 데이터에 제일 맞는 수식의 관계를 결정하는 것이라고 할 수 있다. 즉, 많은 데이터를 그림이나 함수 관계로 나타낼 때, 관련 변수들의 관계성을 나타내는 직선 또는 곡선의 식(함수)을 찾아내는 것이라고 할 수 있다. 회귀 결과를 예측에 사용할 경우에는, 지금까지의 데이터의 경향을 이용해서 원래의 경향(함수의 식)을 찾아내어 앞으로의 값을 예측하는 것이라고 말할 수 있다. 따라서 회귀 문제는 수치를 예측하는 지도 학습 문제라고 할 수 있고, 학습 단계에서 데이터의 입력변수와 출력변수인 정답(레이블)과의 관계를 학습하여 미지의 데이터의 입력값에 대하여 최적의 출력값을 예측할 수 있도록 하는 것이 목적이다.

예를 들어 공장에서 내일 생산할 어떤 부품의 생산량을 정확히 예측할 수 있으면 재고 부족(기회 손실)을 피할 수 있고 과잉 생산으로 인한 손실(폐기 처분)을 최소화할 수 있게 된다. 이를 위하여 축적된 지난 데이터로부터 어떤 인자(변수)가 생산량에 얼마나 영향을 주었는지를 머신러닝의 학습(지도 학습)을 이용하여 파악할 수 있게 된다. 즉 지난 데이터의 경향을 훈련을 하고 검증을 한 후에 원하는 정도의 정확도를 얻을 수 있으면 이로부터 앞으로의 경향을 예측할 수 있게 된다.

머신 러닝의 회귀 알고리즘을 이용해서 산업계에서 문제를 해결한 사례를 보면 그림 3-11과 같다. 중요한 공정에 많은 센서를 설치하여 데이터를 수집해서 정상적인 상태를 모델링할 수가 있다. 정상적인 상태일 경우에 데이터의 관계성을 모델링하는 것이 회귀이다. 고장이 발생할 수 있는 가능성이 있으면 데이터에 이상 경향이 발생하기 때문에 작업자가 발견하기에 앞서 매우 빠르게 이상의 발생의 가능성을 예측할 수가 있게 된다.

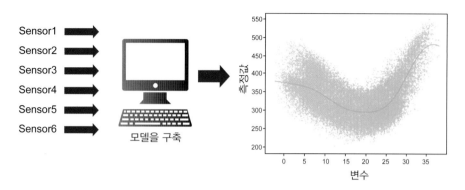

그림 3-11   회귀 알고리즘을 사용한 고장 진단(이상 발생 가능성 감지) 시스템의 예

데이터의 입력과 출력의 관계성을 함수로 나타낸 것이 회귀 모델이고 데이터를 이용한 학습(훈련)을 통하여 데이터의 입출력 관계를 파악(회귀 모델을 구축)하고, 정상적인 경우와 비교하여 실제 데이터가 그림 3-12와 같은 비정상적인 형태가 나타나면 이를 발견할 수가 있게 된다. 이와 같이 머신 러닝 모델에 회귀 알고리즘을 이용할 수 있다.

그림 3-12   기계학습에 회귀 알고리즘을 적용한 예

회귀는 주어진 데이터로부터 입출력 관계성을 나타내는 선, 즉 함수를 구하는 것을 의미 하기 때문에, 데이터의 분포로부터 함수 관계를 얻기 위해서는 일반

적으로 가장 가까울 것 같은 함수를 선택하여 계수를 조절하여 맞도록 하는 방법을 적용한다.

회귀 알고리즘은, 구하려고 하는 식의 형태로 구분하는 것과 변수의 개수로 구분하는 것으로 나눌 수가 있다. 식의 형태로 구분을 하면, 선형 회귀와 비선형 회귀로 나눌 수가 있다. 변수의 개수로 구분을 하면 단순 회귀와 중 회귀로 나눌 수가 있고, 단순 회귀는 입출력의 관계가 변수 한 개로 나타낼 수 있는 관계(예 $y = ax + b$)로 가정한 것이고 단순 회귀에도 선형과 비선형이 있다. 중 회귀는 두 개 이상의 변수를 사용하는 회귀를 의미한다. 예를 들어 $y = ax_1 + bx_2 + cx_3 + d$와 같은 가정으로 회귀 관계를 구하는 것이고, 선형과 비선형 모두 대상이 된다.

회귀는 머신 러닝에서, 입력 데이터 x에 각각 대응하는 출력 데이터 y을 준비하고 훈련 데이터를 사용하여 입력 데이터로부터 출력 데이터를 예측하는 최적의 모델($h_\theta(x)$ 또는 $f(x)$로 표현)을 찾는 알고리즘이 된다. 훈련된 결과 모델을 이용하여 미지의 데이터에 대하여 출력 결과를 예측할 수 있게 된다.

예측 모델의 훈련의 흐름은 다음과 같다.

(1) 데이터 세트를 훈련 데이터와 테스트 데이터로 분할하는데, 일반적으로 7:3 또는 8:2 정도로 한다.

(2) 데이터의 모든 변수들을 표준화를 하여 평균 0, 표준 편차 1이 되도록 한다.

(3) 예측 모델을 지정한다.

(4) 데이터의 특성과 모델에 적합한 손실함수를 지정한다. 예를 들어 MSE(mean square error)를 사용한다.

(5) 훈련 데이터와 손실함수를 이용하여 모델을 훈련하여 손실함수가 최소

화되는 모델의 패러미터를 계산한다. 손실함수는 모델에서 계산된 출력과 입력 데이터의 정답(레이블)의 차이(오차)를 계산하는 것으로, 이를 이용하여 오차가 적어지도록 패러미터를 갱신한다.

(6) 테스트 데이터를 이용하여 모델을 평가한다.

회귀에 많이 사용되는 알고리즘은 표 3-3과 같다.

표 3-3 회귀 알고리즘의 종류

대분류	소분류	대표적인 클래스	개요
regression (회귀)	SGD Regressor	linear_model. SGD Regressor	SGD를 회귀에 적용한 기법. SGD는 목적함수에 의한 평면을 반대로 설정하여 계곡에 도달하기까지 평면의 경사를 아래 방향을 향하여 이동하여 최적해를 구하는 기법. 무작위로 취한 훈련 데이터에 대하여 경사를 계산하면서 최적해를 계산
	Lasso	linear_model. Lasso	선형회귀에서 정칙화(Regularization)의 개념을 더한 회귀 기법. 정칙화는, 모델의 정도를 높이기 위해서 추가의 항목(penalty)을 도입한 것. 'Lasso 회귀'는 불필요한 입력 데이터를 penalty에 의하여 제외하기 위해서 어떤 입력 패러미터가 결과에 영향을 주었는지를 식별하는데 적합
	Ridge Regression	Linear_model. Ridge	Lasso 회귀와 마찬가지로 선형 회귀에 정칙화의 개념을 더한 회귀 기법. Penalty의 도입에 의하여 과도학습을 억제하고 상관을 찾고자 하는 경우에 적합
	ElasticNet	linear_model. ElasticNetCV	Lasso와 Ridge를 조합한 회귀 기법
	SVR(SVM)	svn.SVR	'예측에 최적한 일부의 입력 데이터'만을 꺼내서 SVM을 사용하는 회귀 기법. 극단적으로 떨어진 데이터를 포함한 모델 구축을 수행하여 예측의 정도가 낮아지는 것을 방지
	Ensemble Regressors	ensemble. RandomForest Regressor	복수의 예측 기법을 조합하여 정도를 높이는 회귀 기법

3.3.2 선형 회귀

회귀 알고리즘은 지도학습 예측 모델로서 연속적인 결과를 출력한다. 선형회귀 알고리즘에서는 단순 회귀 모델, 중 회귀모델, 다항식 회귀 모델 등의 3개의 예측 모델이 있다. 단순 회귀는 1개의 특징변수, 중 회귀는 복수의 특징변수를 갖는 모델이다. 다항식 회귀는 특징변수에 고차의 항을 추가한 모델로서 곡선 데이터로 모델을 하는 것이 가능하다. 단 특징변수가 너무 복잡하게 되면 모델이 과도학습(3.3.5장)을 하게 될 문제가 있다.

선형 회귀는 데이터 x의 선형결합으로 다음과 같은 모델을 만드는 것이 목적이다.

$$f(x) = y = wx + b \tag{3.5}$$

여기서 x는 1.2.6장에 기술한 바와 같이 목적변수라고도 하고 특징변수(feature)이라고도 한다. 선형 회귀는 모델 $f(x)$로부터 패러미터 w와 b를 구하는 문제이고 x에 대한 미지의 y를 구하는 문제가 된다.

선형 회귀는 다음의 식을 가능한 한 작게 만드는 w와 b를 찾는 것이다.

$$\frac{1}{N}\sum_{i}^{N}(f(x_i) - y_i)^2 \tag{3.6}$$

수학에서는 어떤 식을 최소화 또는 최대화하는 경우, 이 식을 목적 함수(objective function)라고 한다. 이와 같은 목적함수에 대하여 식 $(f(x) - y_i)^2$을 손실함수(loss function)라고 한다. 손실함수를 이와 같이 정의하는 것을 제곱오차손실(squared error loss(SEL))이라고 하고,

$$\frac{1}{2N}\sum_{i}^{N}(f(x_i) - y_i)^2 \tag{3.7}$$

로 표시할 경우에 평균제곱오차(Mean squared error: MSE)라고 하고, SEL
와 MSE 간에는 명백한 차이는 없다고 할 수 있다. 모델 베이스의 학습 알고
리즘들은 모두 어떤 손실함수를 사용한다. 또한 손실함수를 코스트함수(cost
function)라고 하기도 하고, 경우에 따라 오차함수(error function)라고 하기도
한다. 손실함수가 최소화되는 조건을 찾는 것이 학습 알고리즘이다. 손실함수
는 훈련 데이터에 모델을 적용하여 얻게 되는 모든 페널티의 평균이 된다.

먼저 제일 간단한 선형 단순 회귀 문제를 보면 다음과 같다. 단순 회귀가 1개
의 변수로 구성되어 있다는 것은 어떤 데이터 집합이 1개의 속성(특징변수)을
갖는 것을 의미한다. 사람을 이름, 나이, 주소 등 다양한 속성으로 구분을 할
수 있는데 이 가운데, 예를 들어, 1개의 속성인 나이만으로 모델을 만드는 것이
단순 회귀이다. 선형 회귀로부터 구한 새로운 직선은 레이블이 없는 새로운 데
이터에 대한 목적변수(특징변수)의 값을 예측하는데 사용될 수 있다.

그림 3-13의 선형 회귀의 예에서 기호(+)는 훈련 데이터를 나타내고 직선은
선형 회귀 결과, 즉 훈련(학습)이 된 모델의 결과를 나타낸다.

이 예제(3.3.2_linear_regression.py)에서는 $y = 4x-6$의 경향을 갖도록 데이터
를 만들었다. x와 y의 관계에 대하여 최소제곱법으로 회귀 직선을 구하기 위
해서 sklearn.linear_model의 LinearRegression을 사용하였다(표 3-4 예제 파이
썬 코드).

이후에 기울기 계수 a와 절편 b를 구해서 표시를 하였다. 예제 코드(그림 표
3-4)를 실행하면 각각 4와 −6이 출력되는 것을 알 수 있다.

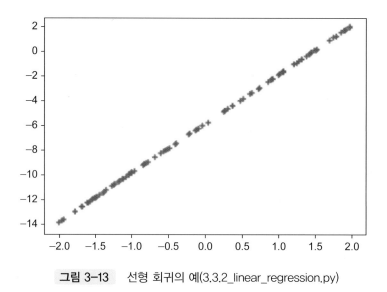

그림 3-13   선형 회귀의 예(3.3.2_linear_regression.py)

표 3-4   선형 회귀 예제 코드(3.3.2_linear_regression.py)

```python
#라이브러리 임포트
import numpy as np
import matplotlib.pyplot as plt
from sklearn import linear_model

# y = 4x-6의 데이터 작성
rand_num = np.random.rand(100 ,1 )
x = 4 *rand_num-2
y = 4 *x-6

# 학습
model = linear_model.LinearRegression()
model.fit(x,y)

# 기울기, 절편의 출력
print ('기울기 및 절편: ', model.coef_, model.intercept_)
#그래프 표시
plt.plot(x,y,'+')
plt.show()
```

실제 문제에서는 노이즈와 데이터의 편차가 발생하기 때문에 이러한 편차를
정규분포를 이용하여 난수로 더해주고 선형 회귀를 실행을 해 보면 표 3-4의
예제와 같이 된다.

그림 3-15에서 +는 학습 데이터, ●가 학습에 의한 예측 결과이다. 결과를 출
력하여 보면 $y = 3.90468x - 6.01200$가 된다. 이 예제에서는 난수를 적용하여
데이터를 생성하였기 때문에 $y = 4x - 6$과 비슷한 결과를 얻었음을 알 수 있다.

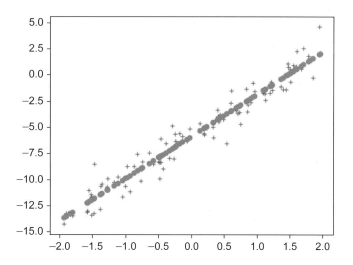

그림 3-14　노이즈(편차)가 있는 선형 회귀의 예(3.3.2_linear_regression_with_noise.py)

표 3-5　노이즈(편차)가 있는 선형 회귀 예제(3.3.2_linear_regression_with_
noise.py)

```
#라이브러리 임포트
import numpy as np
import matplotlib.pyplot as plt
from sklearn import linear_model
```

```python
# 노이즈가 포함된 y = 4x-6의 데이터 작성
rand_num = np.random.rand(100 ,1 )
x = 4 *rand_num-2
y = 4 *x-6 + np.random.randn(100 ,1 )

# 학습
model = linear_model.LinearRegression()
model.fit(x,y)

# 기울기, 절편, 결정계수의 출력
print ('기울기 및 절편: ', model.coef_ , model.intercept_)
print ('r2: ', model.score(x,y))

#그래프 표시
plt.plot(x,y,'+')
plt.plot(x,model.predict(x),'o')
plt.show()
```

회귀 문제에서는 결과의 타당성을 객관적으로 평가하기 위해서 R^2(coefficient of determination, 결정계수)를 사용한다. 결정계수의 정의는 몇 가지가 있지만 여기서는

$$R^2 = 1 - \frac{\text{관측값과 예측값의 차이의 제곱의 합}}{\text{관측값과 관측값 전체의 평균의 차이의 제곱의 합}} \tag{3.8}$$

으로 정의를 한다.

관측된 값은 오차를 포함하기 때문에 정답과는 차이가 있다. 관측 값과 예측 값이 실제 값과 가까워지면 분자가 0에 가까워져 R^2 결정계수는 1에 가까워진다. 예측 값과 관측 값의 차이가 큰 경우에는 분자가 0에서 멀어져 R^2 결정계수는 1보다 작아진다. 따라서 R^2가 1에 가까울수록 예측 모델의 정확도가 높

다고 할 수 있다. Sklearn.linear_model의 각 클래스에는 함수 score를 이용해서 결정계수를 계산할 수 있고 앞의 예제에서는 $R^2 = 0.965386$이 출력됨을 알 수 있다.

경사하강법(gradient descent)을 사용한 선형회귀 문제의 예를 보면 다음과 같다. 이 예제는 기업의 광고비와 매출의 관계 데이터를 사용하였고, 광고비에 따른 매출을 예측을 하는 문제가 된다.

선형 회귀 모델은 식의 식 (3.5)와 동일하다.

$$f(x) = wx + b$$

여기서 w와 b는 미지수이고, 학습에 의하여 최적 값을 구하는 것이 목적이기 때문에 손실 함수도 식 (3.6)과 동일하게 정의를 한다.

$$l = \frac{1}{N}\sum_{i=1}^{N}(y_i - (wx_i + b))^2$$

정답(목적 변수) (y_i)와 모델의 차이 (l)를 최소화하기 위해서 경사하강법을 적용한다. 즉 손실함수를 최소화하는 문제가 된다.

$$\frac{\partial l}{\partial w} = \frac{1}{N}\sum_{i=1}^{N} -2x_i(y_i - (wx_i + b)) \tag{3.9}$$

$$\frac{\partial l}{\partial b} = \frac{1}{N}\sum_{i=1}^{N} -2(y_i - (wx_i + b)) \tag{3.10}$$

를 계산하여 다음과 같이 학습률을 적용하여 각 epoch에 대하여 w와 b를 갱신하도록 한다.

$$w \leftarrow w - \alpha \frac{\partial l}{\partial w} \qquad (3.11)$$

$$b \leftarrow b - \alpha \frac{\partial l}{\partial b} \qquad (3.12)$$

결과는 그림 3-15과 같다.

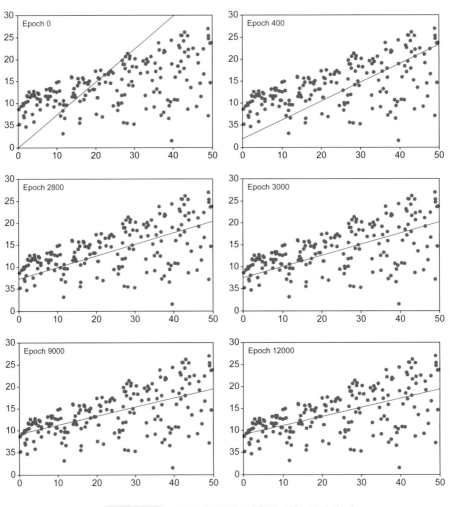

그림 3-15 경사하강법을 이용한 선형 회귀의 예

학습이 되면서(epoch가 증가하면서) 손실 함수가 줄어들고, w와 b가 수렴되는 것을 다음 그림 3-16에서 알 수 있다.

이와 같은 알고리즘을 수행하는 파이썬 코드는 표 3-6에 나타내었다.

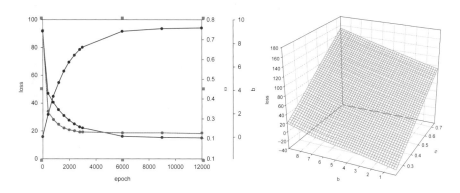

그림 3-16   경사하강법을 이용한 선형 회귀에서 손실함수, w, b의 변화

표 3-6 경사하강법에 의한 회귀 예제 코드

```python
import numpy as np
import matplotlib
import matplotlib.pyplot as plt

def update_w_b (x,y,w,b,alpha):
    dldw, dldb = 0.0 , 0.0
    N = len (x)
    for i in range (N):
        dldw += -2 *x[i]*(y[i]-(w*x[i]+b))
        dldb += -2 *(y[i]-(w*x[i]+b))
    # w와 b를 갱신
    w = w - (dldw/float (N)) * alpha
    b = b - (dldb/float (N)) * alpha
    return w,b
```

```python
def loss (x,y,w,b):
    N = len (x)
    total_error = 0.0
    for i in range (N):
        total_error += (y[i]-(w*x[i]+b))**2
    return total_error/N

def train (x,y,w,b,alpha,epochs):
    count = 2
    for e in range (epochs):
        w,b = update_w_b(x,y,w,b,alpha)
        # 진행 결과를 기록
        if (e == 0 ) or (e<3000 and e%400 ==  0 ) or (e % 3000 == 0 ):
            print ("epoch: ", str (e), "loss: "+str (loss(x,y,w,b)))
            print ("w, b: ",w,b)
            plt.figure(count)
            plt.plot(x, y, 'o')
            plt.xlim([0 ,50 ])
            plt.ylim([0 ,30 ])
            xplt = np.linspace(0 ,50 ,50 )
            plt.plot(xplt,xplt*w + b)
            plt.savefig('gradient_descent-'+str (count)+'.png',
                        dpi = 100 )
            plt.close('all')
            count += 1
    return w, b

def predict (x,w,b):
    return w*x + b

#데이터를 읽고 그래프를 출력
x,y = np.loadtxt("data.txt",delimiter = "\t ", unpack = True )
plt.plot(x,y,'ro')
plt.show()
w,b = train(x,y,0.0 ,0.0 ,0.001 ,15000 )
x_new = 23.0
```

```
y_new = predict(x_new,w,b)
print (y_new)
```

다음에는 scikit-learn을 이용한 선형 회귀 예제를 나타내었다. Scikit-learn에서
는 훈련 데이터를 입력하고 LinearRegression( ) 모델을 이용하여 선형 회귀를
수행하여 상대적으로 간편한 것을 알 수 있다. 선형 회귀 수행 결과를 다음 그
림 3-17에 그래프로 표시하였다.

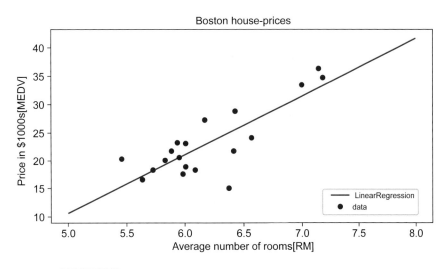

그림 3-17　Scikit-learn을 이용한 선형 회귀 알고리즘의 수행 결과

경사강하법을 이용한 알고리즘에서 학습률의 선택에 대한 최적화가 필요하고,
이를 위해서 Minibatch stochastic gradient descent(SGD) 또는 Momentum 법
등을 사용한다. 예제 코드는 표 3-7과 같다.

표 3-7 Scikit-learn을 이용한 선형 회귀 예제 코드

```python
import matplotlib.pyplot as plt
import numpy as np
import pandas as pd
from sklearn.linear_model import LinearRegression

df = pd.read_csv('https://archive.ics.uci.edu/ml/
    machine-learning-databases/housing/housing.data ', header =
    None, sep='\s+')
df.columns = ['CRIM','ZN','INDUS','CHAS','NOX','RM','AGE','DIS',
              'RAD','TAX','PTRATIO','B','LSTAT','MEDV']
X = df[:20 ][['RM']].values
y = df[:20 ]['MEDV'].values
model = LinearRegression()
model.fit(X,y)

print ('기울기 및 절편:', model.coef_, model.intercept_)
test_data = np.array([[6 ]])
model.predict(test_data)

X_test = np.arange(5 ,9 ,1 )
X_test = np.arange(5 ,9 ,1 )[:,np.newaxis]
y_pred = model.predict(X_test)

plt.figure(figsize=(8 ,4 ))
plt.plot(X,y,'bo',label='data')
plt.plot(X_test,y_pred,'r-',label='LinearRegression')
plt.ylabel('Price ($k) [MEDV]')
plt.xlabel('Number of rooms [RM]')
plt.legend(loc='lower right')
plt.show()
```

3.3.3 중 회귀(Multivariable regression)

다음에는 중회귀에 대하여 알아보도록 한다. 중회귀는 예를 들어 $y = ax_1 + bx_2 + c$와 같이 복수의 변수를 사용하는 식을 가정한 회귀 문제이다.

다음 예제에서는 $y = 2x_1 - 4x_x + 3$과 같은 데이터를 이용하여 실행을 하였다. 그림 3-18에서 훈련 데이터는 (+)로 표시하였고 예측(학습) 결과는 (●)으로 나타내었고, 두 결과가 매우 근사한 것을 알 수 있다. 이와 같은 중 회귀 예제로부터 회귀식은 $y = 2.01886x_2 - 4.07627x_2 + 3.06141$이 되고, 결정계수 $R^2 = 0.95376$이 출력되었다.

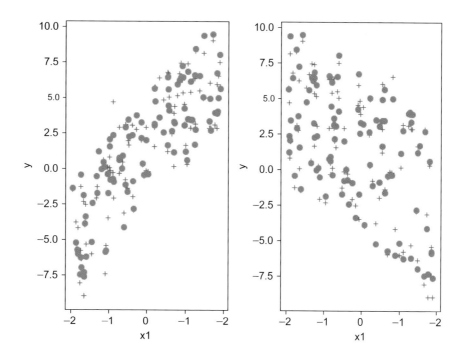

그림 3-18　노이즈(편차)가 있는 중회귀의 예

표 3-8 중 회귀 예제 코드

```python
import numpy as np
import matplotlib.pyplot as plt
from sklearn import linear_model
# 노이즈가 있는 y = 3x_1 - 2x_2 + 1 데이터를 작성
rand_num = np.random.rand(100 , 1 ) # 0 ~ 1까지의 난수를 100개 만듦
x1 = 4 *rand_num-2 # 값의 범위를 -2 ~ 2로 변경
rand_num = np.random.rand(100 , 1 ) # x2에 대하여 마찬가지로
x2 = 4 *rand_num - 2
y = 3 *x1-2 *x2+1
y += np.random.randn(100 , 1 )  # 표준 정규분포(평균 0, 표준 편차 1)
의 난수를 더함
# 학습
x1_x2 = np.c_[x1, x2]  # [[x1_1, x2_1], [x1_2, x2_2], ..., [x1_100, x2_100]]
                       # 과 같은 형태로 변환
model = linear_model.LinearRegression()
model.fit(x1_x2, y)
# 기울기, 절편, 결정계수를 표시
print ('기울기', model.coef_)
print ('절편', model.intercept_)
print ('결정계수', model.score(x1_x2, y))
# 그래프 작성
y_pred = model.predict(x1_x2)  # 구한 회귀식으로 예측
plt.subplot(1 , 2 , 1 )
plt.plot(x1, y, '+')
plt.plot(x1, y_pred, 'o')
plt.xlabel('x1')
plt.ylabel('y')
plt.subplot(1 , 2 , 2 )
plt.plot(x2, y, '+')
plt.plot(x2, y_pred, 'o')
plt.xlabel('x2')
plt.ylabel('y')
plt.tight_layout()
plt.show()
```

다음 예제에는 13개 변수를 대상으로 중회귀를 수행한 결과(그림 3-19)이고 예제 파이썬 코드는 표 3-9와 같다.

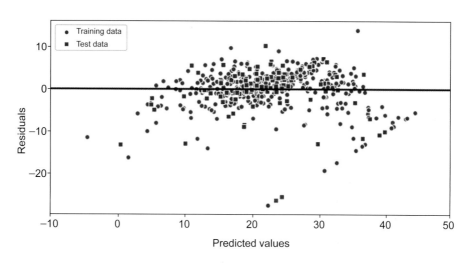

그림 3-19 선형 중회귀 예제의 수행 결과

표 3-9 선형 중 회귀 예제 코드

```python
import matplotlib.pyplot as plt
import numpy as np
import pandas as pd
from sklearn.linear_model import LinearRegression
from sklearn.preprocessing import StandardScaler
from sklearn.model_selection import train_test_split
# 주택 가격 데이터 세트를 읽어들임
df = pd.read_csv('https://archive.ics.uci.edu/ml/machine-learning-
    databases/housing/housing.data', header = None, sep='\s+')
df.columns = ['CRIM','ZN','INDUS','CHAS','NOX','RM','AGE','DIS',
              'RAD','TAX','PTRATIO','B','LSTAT','MEDV']
```

```python
# 모든 특징량(속성)을 선택
X = df.iloc[:,0 :13 ].values
# 정해에 주택 가격(MEDV)을 설정
y = df['MEDV'].values
# 특징량과 정해를 훈련 데이터와 테스트 데이터로 분할
X_train,X_test,y_train,y_test = train_test_split(X, y, test_size =
                            0.2, random_state = 0)
print ('X_train의 형상 : ', X_train.shape, 'y_train의 형상 : ',
       y_train.shape,'X_test의 형상 : ', X_test.shape,'y_test의
       형상: ',y_test.shape)
# 특징량의 표준화
scaler = StandardScaler()
# 훈련 데이터를 변환로 표준화
X_train_std = scaler.fit_transform(X_train)
# 테스트 데이터를 작성한 변환기로 표준화
X_test_std = scaler.transform(X_test)
# 선형회귀 모델을 작성
model = LinearRegression()
#모델의 훈련
model.fit(X_train_std, y_train)
# 훈련 데이터, 테스트 데이터의 주택 가격을 예측
y_train_pred = model.predict(X_train_std)
y_test_pred = model.predict(X_test_std)
# 그림 출력
plt.figure(figsize=(8 ,4 ))
plt.plot(y_train_pred,y_train_pred-y_train,'ro',label='Training data')
plt.plot(y_test_pred,y_test_pred-y_test,'bs',label='Test data')
plt.xlabel('Prediction')
plt.ylabel('Residuals')
plt.legend()
plt.hlines(y=0 , xmin=-10 , xmax=50 )
plt.show()
```

3.3.4 고차원 회귀

$y = ax^2 + b$와 같이 2차 함수로 가정한 데이터에 대하여 회귀를 계산해보기 위해서 다음 예제와 같이 $y = 4x^2 - 3$에 대하여 노이즈(편차)가 있는 경우에 대하여 생각해 본다.

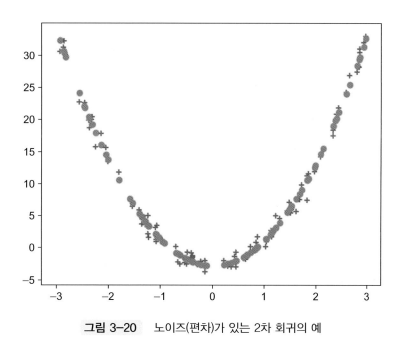

그림 3-20   노이즈(편차)가 있는 2차 회귀의 예

표 3-10 고차원(2차) 회귀 예제 코드

```python
import numpy as np
import matplotlib.pyplot as plt
from sklearn import linear_model

# 노이즈가 있는 y = 4x^2 - 3 데이터를 작성
rand_num = np.random.rand(100 , 1 ) # 0~1까지의 난수를 100개 만듦
```

```
x = 6 *rand_num-3
y = 4 *x**2 -3
y += np.random.randn(100 , 1 )

# 학습
model = linear_model.LinearRegression()
model.fit(x**2 , y)  # x를 제곱하여 전달

# 계수, 절편, 결정계수를 표시
print ('계수', model.coef_)
print ('절편', model.intercept_)
print ('결정 계수', model.score(x**2 , y))

# 그래프 표시
plt.scatter(x, y, marker ='+')
plt.scatter(x, model.predict(x**2 ), marker='o')
                                # predict에도 x를 제곱하여 전달
plt.show()
```

앞의 예제와 마찬가지로 Numpy 라이브러리를 이용해서 데이터를 생성하였고, 이 식은 x에 대해서는 2차 함수이지만 a 및 b에 대해서는 1차 함수이기 때문에 선형 회귀로 풀 수 있다. LinearRegression.fit에 x를 제곱한 값을 전달하면된다. 그림 3-20과 같이 노이즈(편차)가 있는 데이터(+)에 대하여 2차 함수의 회귀 식(●)이 구해졌음을 알 수 있다. 이 예제의 경우에는 $y = 4x^2 - 3$과 근사한 $y = 3.98677x^2 - 2.95179$의 회귀 결과와 함께 $R^2 = 0.99376$의 결정계수가 출력됨을 알 수 있다.

그림 3-21에는 3차 함수 회귀의 예를 나타내었고, 표 3-11에는 예제 코드를 나타내었다.

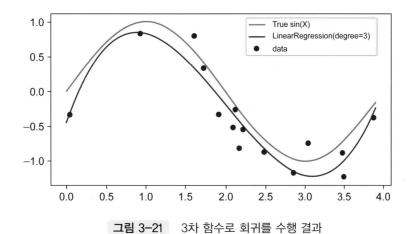

그림 3-21 3차 함수로 회귀를 수행 결과

표 3-11 3차 함수 회귀 예제 코드

```python
import matplotlib.pyplot as plt
import numpy as np
import matplotlib
from sklearn.preprocessing import PolynomialFeatures
from sklearn.linear_model import LinearRegression

# sin함수에 노이즈를 추가하여 훈련 데이터(x,y)를 작성
np.random.seed(seed=8 )        # 난수를 고정
X = np.random.uniform(0 ,4 ,15 )[:,np.newaxis]
y = np.sin(0.5 *np.pi*X).ravel() + np.random.normal(0 ,0.3 ,15 )

# 특징량의 다항식 변환
POLY = PolynomialFeatures(degree=3 , include_bias = False )

X_pol = POLY.fit_transform(X)

# 선형회귀 모델을 작성
model = LinearRegression()
```

```
#다항식 변환한 특징량과 정래를 이용한 모델의 훈련
model.fit(X_pol, y)

#선형회귀 모델의 테스트 및 그래프 출력
X_test = np.linspace(0 ,4 ,41 )[:,np.newaxis]
y_test_true = np.sin(0.5 *np.pi*X_test).ravel()
y_test_pred = model.predict(POLY.transform(X_test))


plt.figure(figsize=(8 ,4 ))
plt.plot(X,y, 'bo')
plt.plot(X_test,y_test_true, 'g-', label='True function')
plt.plot(X_test,y_test_pred, 'r-', label='LinearRegression')
plt.legend()
plt.show()
```

3.3.5 과도학습과 학습부족 및 정칙화

머신러닝의 학습 후에 발생할 수 있는 문제가 과도학습(overfitting) 또는 학습
부족(underfitting)이다. 과도학습은 주어진 학습 데이터에 너무 적응하여 미
지의 데이터에 대한 예측이 안 좋아지는 현상을 말하는 것이다. 그림 3-22에는
동일한 데이터에 대한 학습부족, 정상 학습, 과도학습의 예를 비교하였다.

학습부족(그림 3-22(a))은 모델이 훈련 데이터의 정답(레이블)을 잘 예측하지
못 하는 것으로 모델의 능력부족을 의미한다. 학습 부족이 원인이 되는 이유
는, 데이터의 복잡도에 비해서 모델이 지나치게 단순한 경우를 생각할 수 있
다. 예를 들어 명백히 곡선으로 예측이 되는 데이터를 직선으로 회귀하려고 하
는 경우를 생각할 수 있다. 그리고 데이터의 속성(특징변수)이 충분한 정보를
나타내지 못하는 경우가 있다. 예를 들어 자동차의 연비를 자동차의 길이와 높
이 데이터를 이용해서 예측을 하려고 하는 경우를 생각할 수가 있다. 학습 부

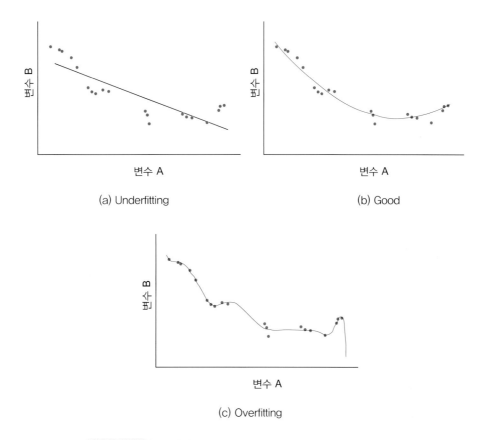

(a) Underfitting   (b) Good

(c) Overfitting

그림 3-22   동일한 데이터에 대한 학습부족, 정상, 과도학습의 예

족을 해결하기 위해서는, 보다 복잡한 모델을 구축하는 것과 데이터의 속성을 다양하게 하여 예측 정도를 높이는 방법을 생각할 수가 있다.

과도학습(그림 3-22(c))은 훈련 데이터의 정답(레이블)을 비교적 잘 예측하지만, 그 이외의 새로운 데이터에 대하여는 예측이 틀리는 경우를 말하는 것이다. 머신러닝은 학습결과가 정확하고 일반화 성능(generalization ability)을 갖는 것이 중요하다. 일반화 성능이란 훈련된 모델이 훈련되지 않은 미지의 데이터에 대해서도 잘 예측하는 정도를 의미한다. 훈련데이터에만 잘 맞고 미지의 데이터에 대하여 정확도가 떨어지는 것은 일반화 성능이 낮은 것인데, 이는 문제가 있다고 할 수 있다. 머신러닝에서 과도학습을 줄이고 일반화 특성을 높이는 것은 매우 중요한 문제이고 이를 해결하기 위한 많은 알고리즘들이 연구되었다. 다음 예제에서는 $y = 4x^3 - 3x^2 + 2x - 1$ 레이블의 데이터를 9차 함수로 회귀를 하였을 경우에 훈련(학습) 결과와 테스트(검증) 결과를 비교하여 보도록 한다.

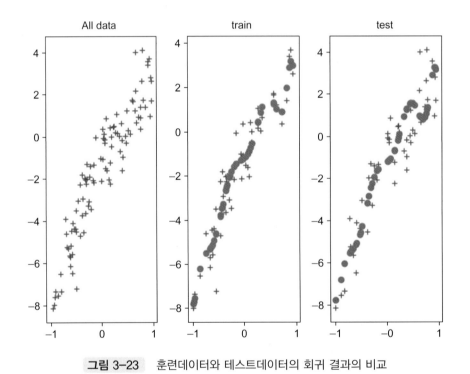

그림 3-23　훈련데이터와 테스트데이터의 회귀 결과의 비교

실행 결과 훈련 데이터에 대하여는 잘 예측($R^2 = 0.92$)된 것으로 보이지만 테스트 데이터에 대하여는 $R^2 = 0.81$과 같이 훈련 결과와 비교하여 좋지 못 한 결과를 보여주고 있고 이는 과도학습에 의한 결과이다.

일반적으로 과도학습이 발생하는 것은 데이터의 복잡도에 비해서 모델이 지나치게 복잡하기 때문이다. 위 예제와 같이 원래 데이터는 4차식이지만 이를 9차식으로 회귀를 하였기 때문에 과도학습을 하게 되었다. 이런 경우에 데이터 개수를 늘리거나 모델의 복잡도를 축소시키거나 할 수 있고 이는 시행착오(tral-and-error)가 필요하기 때문에 좋은 방법이라고는 할 수 없다.

과도학습을 알고리즘을 통하여 해결하고자 하는 것이 다음과 같은 벌칙 항목이 포함되는 정칙화(Regularization) 회귀이다. 이 예제의 실행 결과, 테스트 데이터에 대한 9차식 회귀의 결정계수가 0.91로 증가한 것을 알 수 있다.

회귀에서 많이 사용하는 손실함수가 평균제곱오차(Mean square error)이고 오차뿐만 아니고 모델의 복잡도를 더 한 것이 벌칙 포함 회귀이다. 모델의 복잡성을 반영한 Ridge회귀는 sklearn.linear_model.Ridge를 이용하여 다음 예제 코드(표 3-13)와 같이 수행할 수 있고, 출력된 결과는 그림 3-24과 같다.

표 3-12 과도학습과 학습 부족 예제 코드

```python
import matplotlib.pyplot as plt
import numpy as np
from sklearn import linear_model

### 편차가 있는 y = 4x^3 - 3x^3 - 3x^2 + 2x - 1의 데이터를 작성
rand_num = np.random.rand(100 ,1 ) # 0 ~ 1까지 숫자를 100개 만듦
x = 2 *rand_num-1
y = x**3 -2 *x**2 +5 *x-1 + np.random.randn(100 ,1 )

# 학습, 테스트 데이터 개수
n_train, n_test = 50 , 50
x_train_poly, y_train_poly = x[:n_train], y[:n_train]
x_test_poly, y_test_poly = x[n_test:], y[n_test:]
```

```
### 최소제곱법으로 9차식으로 회귀
# 학습용의 입력 데이터
X_train_poly = np.c_[x_train_poly**9 ,x_train_poly**8 ,x_train_
poly**7 ,x_train_poly**6 ,x_train_poly**5 ,x_train_poly**4 ,x_
train_poly**3 ,x_train_poly**2 ,x_train_poly]
model = linear_model.LinearRegression()
model.fit(X_train_poly, y_train_poly)

# 기울기, 절편, 학습 데이터에 의한 결정계수를 표기
print ('기울기 (학습 데이터) ', model.coef_)
print ('절편 (학습 데이터) ', model.intercept_)
print ('결정 계수 (학습데이터) ', model.score(X_train_poly,y_train_poly))

# 테스트 데이터 결정 계수
X_test_poly = np.c_[x_test_poly**9 ,x_test_poly**8 ,x_test_
poly**7 ,x_test_poly**6 ,x_test_poly**5 ,x_test_poly**4 ,x_test_
poly**3 ,x_test_poly**2 ,x_test_poly]
print ('결정 계수 (테스트 데이터) ', model.score(X_test_poly, y_test_poly))

# 그래프 출력
plt.subplot(1 ,3 ,1 )
plt.plot(x,y,'+')
plt.title('All data')
plt.subplot(1 ,3 ,2 )
plt.plot(x_train_poly,y_train_poly,'+')
plt.plot(x_train_poly,model.predict(X_train_poly),'o')
plt.title('train')
plt.subplot(1 ,3 ,3 )
plt.plot(x_test_poly,y_test_poly,'+')
plt.plot(x_test_poly,model.predict(X_test_poly),'o')
plt.title('test')
plt.tight_layout()
plt.show()
```

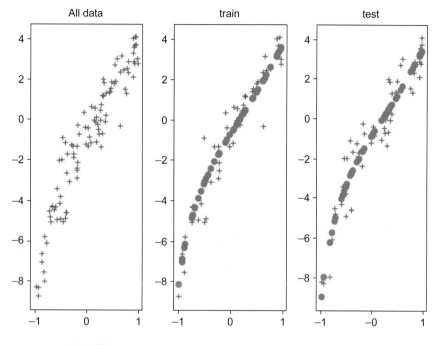

그림 3-24　　과도학습을 줄이기 위한 정칙화(Ridge) 결과의 예

훈련 데이터의 회귀 결과와 테스트 데이터의 회귀 결과 그림인 3-23의 결과와
비교를 해보면 데이터의 특성을 잘 나타내고 있는 것을 알 수 있다. 정칙화 알
고리즘은 모델의 과도학습을 억제하기 위한 것이고, 3개의 정칙화 알고리즘이
있고 그 가운데 L1 정칙화는 불필요한 특징변수를 축소하여 예측모델의 특징
변수를 간단하게 할 수 있다.

표 3-13　L2 정칙화 예제 코드

```
import matplotlib.pyplot as plt
import numpy as np
from sklearn import linear_model
```

```
### 편차가 있는 y = 4x^3 - 3x^3 - 3x^2 + 2x - 1 의 데이터를 작성
rand_num = np.random.rand(100 ,1 ) # 0 ～ 1까지 숫자를 100개 만듬
x = 2 *rand_num-1
y = x**3 -2 *x**2 +5 *x-1 + np.random.randn(100 ,1 )

# 학습, 테스트 데이터 개수
n_train, n_test = 50 , 50
x_train_poly, y_train_poly = x[:n_train], y[:n_train]
x_test_poly, y_test_poly = x[n_test:], y[n_test:]

### 최소제곱법으로 9차식으로 회귀
# 학습용의 입력 데이터
X_train_poly = np.c_[x_train_poly**9 ,x_train_poly**8 ,x_train_
poly**7 ,x_train_poly**6 ,x_train_poly**5 ,x_train_poly**4 ,x_
train_poly**3 ,x_train_poly**2 ,x_train_poly]
model = linear_model.Ridge()
model.fit(X_train_poly, y_train_poly)

# 기울기, 절편, 학습 데이터에 의한 결정계수를 표기
print ('기울기 및 절편: ', model.coef_, model.intercept_)
print ('결정 계수 (학습): ', model.score(X_train_poly,y_train_poly))

# 테스트 데이터 결정 계수
X_test_poly = np.c_[x_test_poly**9 ,x_test_poly**8 ,x_test_
poly**7 ,x_test_poly**6 ,x_test_poly**5 ,
x_test_poly**4 ,x_test_poly**3 ,x_test_poly**2 ,x_test_poly]
print ('결정 계수 (테스트): ', model.score(X_test_poly, y_test_poly))

# 그래프 출력
plt.subplot(1 ,3 ,1 )
plt.plot(x,y,'+')
plt.title('All data')
plt.subplot(1 ,3 ,2 )
plt.plot(x_train_poly,y_train_poly,'+')
plt.plot(x_train_poly,model.predict(X_train_poly),'o')
plt.title('train')
```

```
plt.subplot(1 ,3 ,3 )
plt.plot(x_test_poly,y_test_poly,'+')
plt.plot(x_test_poly,model.predict(X_test_poly),'o')
plt.title('test')
plt.tight_layout()
plt.show()
```

정칙화는 모델의 과도학습을 억제하기 때문에 모델의 일반화(generalization) 성능을 향상시키는 알고리즘이다. 모델의 과도학습을 억제하는 L1 정칙화는 일부의 패러미터 값을 제로로 하여 특징 선택을 수행하는 것이다. 선형회귀에 대하여 L1 정칙화를 적용한 알고리즘이 Lasso regression이고, L2 정칙화는 패러미터의 크기에 따라 제로에 가깝게 하여 일반화되고 부드러운 모델을 수행을 하는 것이다. 선형회귀에 대하여 L2 정칙화를 적용한 알고리즘이 Ridge regression이다. L1과 L2를 조합한 것이 Elastic Net 알고리즘이다.

정칙화(regularization)는 손실함수의 패러미터가 지나치게 커지지 않도록 벌칙(penality)를 가하는 것으로, Ridge 회귀(L2)에서는 벌칙항이 학습 패러미터의 제곱의 합을 적용한 것이다.

L2 정칙화에서 손실함수는

$$J(\theta) = \frac{1}{2m} \left[\sum_{i=1}^{m} (h_\theta(x^{(i)}) - y^{(i)})^2 + \alpha \sum_{j=1}^{n} \theta_j^2 \right] \tag{3.13}$$

이 되고, 여기서 $h_\theta(x^{(i)}) = \theta^T x = \theta_o + \theta_1 x_1^{(i)} + \theta_2 x_2^{(i)} + \cdots + \theta_n x_n^{(i)}$이고 θ_o는 제외를 한다.

2차일 경우에 손실함수는 다음과 같다.

$$J(\theta) = \frac{1}{2m}\left[\sum_{i=1}^{m}(\theta_o + \theta_1 x^{(i)} + \theta_2 x^{(i)2} - y^{(i)})^2 + \alpha\sum_{j=1}^{n}(\theta_1^2 + \theta_2^2)\right] \quad (3.14)$$

Ridge, Lasso regression에서 정칙화에 의하여 학습 패러미터가 계산되는 모양의 이미지를 나타내면 다음 그림 3-25와 같다. 여기서 원의 중심의 점은 벌칙항이 없는 경우이고 접점은 벌칙항이 있는 경우이다. 원형의 선은 선형 회귀의 오차 함수이고, Ridge는 원형의 벌칙항에 관련된 함수로 나타나고 Lasso는 사각형의 벌칙항에 관련된 함수로 나타난다. 오차 함수와 접하는 접점이 정칙화의 최적 해를 의미를 한다.

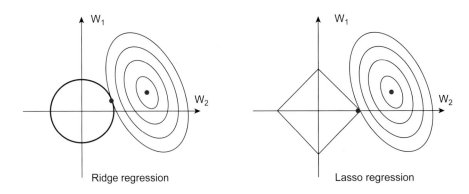

그림 3-25   Ridge 및 Lasso 정칙화에서 오차함수와 법칙항의 함수

2차로 가정한 경우에 Lasso regression(L1 Regularization)의 손실함수는 다음과 같다.

$$J(\theta) = \frac{1}{2m}\left[\sum_{i=1}^{m}(\theta_o + \theta_1 x^{(i)} + \theta_2 x^{(i)2} - y^{(i)})^2 + \alpha\sum_{j=1}^{n}(|\theta_1| + |\theta_2|)\right] \quad (3.15)$$

ElasticNet regression(L1+L2 Regularization)의 손실함수는 다음과 같다.

$$J(\theta) = \frac{1}{2m}\left[\sum_{i=1}^{m}(h_\theta(x^{(i)}) - y^{(i)})^2 + \gamma\alpha\sum_{j=1}^{n}|\theta_j| + \frac{1-\gamma}{2}\alpha\sum_{j=1}^{n}\theta_j^2\right] \quad (3.16)$$

다음 그림 3-26(a)는 L2 Regularization을 나타낸 것으로 α(penality or regularization) = 0.00001일 경우에는 과도학습이 개선이 안 되는 것으로 나타났다. 그림 3-26(b)는 α = 0.1일 경우로 과도학습이 개선이 된 것으로 나타났다. 그림 3-27과 3-28에는 각각 L1과 L1+L2 정칙화를 적용한 경우를 나타내었다. 정칙화 예제 코드는 표 3-14와 같다.

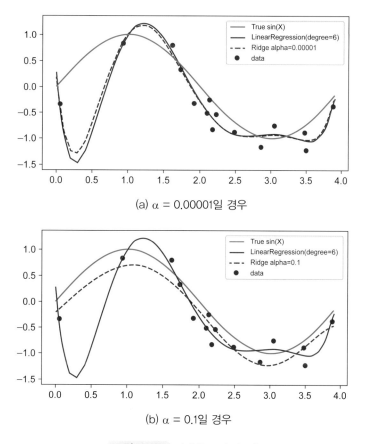

(a) α = 0.00001일 경우

(b) α = 0.1일 경우

그림 3-26 L2 Regularization

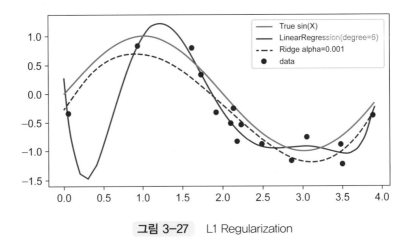

그림 3-27 L1 Regularization

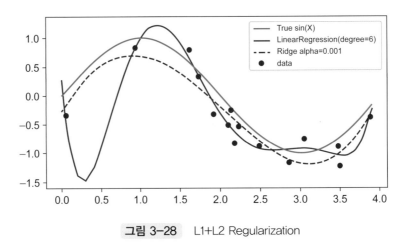

그림 3-28 L1+L2 Regularization

표 3-14 정칙화 예제 코드

```
import matplotlib.pyplot as plt
import numpy as np
from sklearn.linear_model import LinearRegression
from sklearn.linear_model import Ridge
```

```python
from sklearn.preprocessing import PolynomialFeatures

# sin 함수에 노이즈를 추가하여 훈련 데이터(X, y)를 작성
np.random.seed(seed = 8 ) # 난수를 고정
X = np.random.uniform(0 ,4 ,15 )[:,np.newaxis]
y = np.sin(0.5 *np.pi*X).ravel() + np.random.normal(0 ,0.3 ,15 )

# 특징량의 다항식 변환
POLY = PolynomialFeatures(degree=6 , include_bias = False )
X_pol = POLY.fit_transform(X)

# 정착화를 안 했을 경우와 L2 정착화 모델을 작성
model = LinearRegression()
model2 = Ridge(alpha = 0.00001 )

# 모델 훈련
model.fit(X_pol, y)
model2.fit(X_pol,y)

# plot을 위한 테스트 데이터
X_test = np.linspace(0 , 4 , 41 )[:, np.newaxis]
y_true = np.sin(0.5 *np.pi*X_test).ravel()

# 모델 예측
y_pred = model.predict(POLY.transform(X_test))
y_pred2 = model2.predict(POLY.transform(X_test))

# 예측 값 plot
plt.figure(figsize=(8 ,4 )) # 그림 사이즈의 지정
plt.plot(X, y, 'bo', label = 'data')
plt.plot(X_test, y_true, 'g-', label = 'True sin(X)')
plt.plot(X_test, y_pred, 'r-', label = 'LinearRegression(degree=6)')
plt.plot(X_test, y_pred2, 'b--', label = 'Ridge alpha = 0.00001')
plt.legend()
plt.show()
```

3.3.6 서포트벡터머신 회귀

서포트벡터머신(Support vector machine(SVM))은 딥러닝 알고리즘이 개발되기 전에 많이 사용되던 기법이지만, 요즘도 많이 사용되고 있다. 서포트벡터머신 원리는 회귀에도 사용을 하고 분류 알고리즘으로도 많이 사용된다.

SVM은 지도 학습에 의한 패턴 인식 모델로서, 마진 최대화라는 원리를 이용해서 회귀에도 사용되고 분류에도 사용된다. 그림 3-29과 같이 ▲와 ●으로 구분되는 두 종류(클래스)의 데이터를 두개의 그룹으로 분류하는 경우에 수직 방향(변수 A에 따른)으로 구분을 하는 경우에 마진(간격)과 데이터의 특징에 따라 구분하는 경우(기울기가 있는 직선)에 마진이 더 큰 것을 알 수 있다. 여기서 마진이란 구분직선(하이퍼플레인)과 가장 가까운 데이터와의 거리를 의미한다.

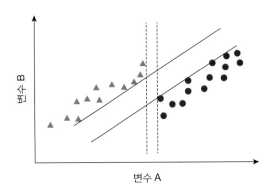

그림 3-29　서포트벡터머신의 마진최대화 개념

마진 최대화라는 것은, 그림에서와 같이 다른 두 클래스 데이터 간의 간격이 최대가 되도록 하는 것을 의미한다. 이 경우에는 수직 간격이 아니고 기울어진 선으로 분류하는 것이 마진을 최대화할 수 있게 된다. 이와 같이 2차원인 경우에 마진이 최대가 되도록 분류하는 직선(하이퍼플레인)을 찾는 것이 SVM이다.

이상은 SVM을 분류 알고리즘으로 사용하는 경우를 설명한 것이고, 그림 3-30 과 같이 마진 안쪽에 데이터가 있는 경우에는 회귀에 사용할 수 있는데, 이것 이 Support vector regression(SVR)이다. SVR은 오차 허용 폭(마진)을 고려하 여 노이즈에 둔감한 회귀 알고리즘으로 사용할 수도 있다. 이는 3.3.5에 기술한 정칙화(regularization) 알고리즘으로도 생각할 수 있다.

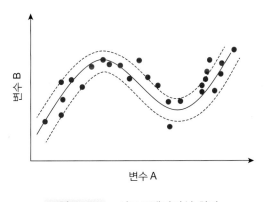

그림 3-30　서포트벡터머신 회귀

SVM과 같은 알고리즘의 원리는 회귀와 분류에 동시에 사용되기도 한다. 회 귀(regression) 알고리즘을 분류(classification) 알고리즘에 사용하는 경우도 있기 때문에 이름만으로 회귀 또는 분류 알고리즘인지를 판단하면 안 된다. Decision tree(결정목) 알고리즘도 분류와 회귀에 동시에 사용되기도 한다.

앞에서 설명한 예들은 2차원인 경우인데, 이를 일반적으로 n차원 공간으로 확 장할 수 있다. n차원 데이터 공간에서 초평면(hyperplane)은 데이터 샘플들을 두개의 그룹으로 구분할 수 있고 그 가지수는 무수히 많다. 초평면에 의해 분리된 데이터 점들 중 초평면과 가장 가까운 점과 초평면 사이의 거리를 마진 (margin)이라고 정의하며, 초평면마다 고유의 마진을 갖는다. 그림 3-31과 같이 2 개의 데이터 샘플 그룹(원형, 사각형)이 있을 때, 초평면은 두 데이터 샘플 그룹을 구분하는 분할경계면으로 사용이 가능하다.

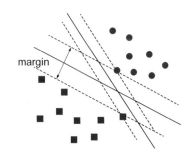

그림 3-31　서포트벡터머신에서 마진

서포트벡터머신은 커널 함수를 어떻게 정의하느냐에 따라 선형 또는 비선형 분할 경계면(nonlinear decision boundary)을 가질 수 있다. 선형 서포트벡터 회귀는 마진을 사용하여 마진 밖에 있는 서포트벡터만으로 예측 모델을 작성하는 알고리즘이다. 예측 모델은 서포트벡터(패러미터)와 선형커널(특징변수)의 훈련 데이터별로 선형 합의 식이 된다. 서포트벡터 회귀는 예측 모델의 선형 커널을 가우스커널로 변경을 하여 예측모델의 특징량을 고차원 커널함수로 변경할 수가 있어 예측모델은 고차원의 특징량의 선형 합으로 재구성을 하여 곡선의 표현이 가능하다. 예측모델은 하이퍼패러미터의 조합을 지정할 필요가 있어 그리드서치를 할 수 있다.

서포트벡터머신 회귀(SVR)는 선형 회귀에 '경사'와 '편차'를 추가한 것으로 점선으로 margin을 표시한다. SVR의 오차는 margin에서 벗어난 훈련 데이터에서 발생하고, 훈련 데이터가 margin 내(선 포함)에 있으면 오차는 0이 된다. Margin의 폭은 hyperpapameter로 지정한다.

다음 예제는 Scikit-learn 데이터를 이용한 서포트벡터머신 회귀의 예제 결과물과 파이썬 코드이고, 각각 그림 3-32 및 표 3-15와 같다.

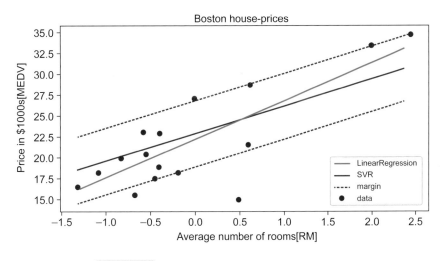

그림 3-32　서포트벡터 머신 회귀 예제의 실행 결과

표 3-15　서포트벡터 머신 회귀 예제 코드

```
import matplotlib.pyplot as plt
import numpy as np
from sklearn.linear_model import LinearRegression
from sklearn.svm import SVR
from sklearn.preprocessing import StandardScaler
from sklearn.model_selection import train_test_split
```

```python
from sklearn.metrics import mean_squared_error
from sklearn.datasets import load_boston

# 주택 가격 데이터 세트의 다운로드
boston = load_boston()
# 특징량에 평균 방개수 (RM)를 선택하여 20행에 읽어 들임
X = boston.data[:20 ,[5 ]]
# 정해에 주택 가격(MDEV)을 설정하여 20행에 읽어 들임
y = boston.target[:20 ]
# 특징량과 정해를 훈련 데이터와 테스트 데이터로 분할
X_train,X_test,y_train,y_test = train_test_split(X,y,test_size =
0.2 , random_state = 2 )
print ('X_train의 형상 : ', X_train.shape,'y_train의 형상 : ', y_
train.shape,'X_test의 형상', X_
test.shape,'y_test의 형상 : ', y_test.shape)
# 특징량의 표준화
scaler = StandardScaler()

# 훈련 데이터를 변환기로 표준화
X_train_std = scaler.fit_transform(X_train)

# 테스트 데이터를 작성한 변환기로 표준화
X_test_std = scaler.transform(X_test)

# LinearRegression와 SVR 모델 작성
model_lr = LinearRegression()
model_svr = SVR(kernel = 'linear', C = 10000.0 , epsilon = 4.0 )

# 모델의 훈련
model_lr.fit(X_train_std, y_train)
model_svr.fit(X_train_std, y_train)

# 훈련 데이터의 최소값부터 최대값까지 0.1 단위의 X_plt을 작성
X_plt = np.arange(X_train_std.min(), X_train_std.max(), 0.1 )
        [:,np.newaxis]
# 선형 회귀의 예측
```

```
y_plt_pred_lr = model_lr.predict(X_plt)

# SVR의 예측
y_plt_pred_svr = model_svr.predict(X_plt)

# 예측 결과 plot
plt.figure(figsize = (8 ,4 ))
plt.plot(X_train_std,y_train,'bo',label = 'data')
plt.plot(X_plt, y_plt_pred_lr, 'g-', label = 'LinearRegression')
plt.plot(X_plt, y_plt_pred_svr, 'r-', label = 'SVR')
plt.plot(X_plt, y_plt_pred_svr + model_svr.epsilon, 'r:', label
= 'margin')
plt.plot(X_plt, y_plt_pred_svr - model_svr.epsilon, 'r:', label
= 'margin')
plt.ylabel('Price in k$ [MEDV]')
plt.xlabel('Number of rooms [RM]')
plt.title('Boston house-prices')
plt.legend()
plt.show()

# 서포트 벡터의 특징량 X
support_vectors = model_svr.support_vectors_

# 서포트 벡터의 특징량 X의 인덱스
supprot_vectors_idx = model_svr.support_

# 훈련 데이터, 테스트 데이터의 주택 가격을 예측
y_train_pred_lr = model_lr.predict(X_train_std)
y_test_pred_lr = model_lr.predict(X_test_std)

# MSE의 계산
print ('MSE train: ', round (mean_squared_error(y_train, y_
train_pred_lr),2 ), 'test: ', round (mean_squared_error(y_test,
y_test_pred_lr),2 ))

# 훈련 데이터, 테스트 데이터의 주택 가격을 예측
```

```
y_train_pred_svr = model_svr.predict(X_train_std)
y_test_pred_svr = model_svr.predict(X_test_std)

# MSE의 계산
print ('MSE train: ', round (mean_squared_error(y_train, y_train_
pred_svr),2 ), 'test: ', round (me
an_squared_error(y_test, y_test_pred_svr),2 ))
```

3.3.7 커널 회귀

1차원과 2차원의 회귀 문제는 앞에서 기술한 알고리즘을 이용하여 직관적으로 해결할 수 있지만 3차원 이상의 문제가 되면 문제가 쉽지 않게 된다. 이런 경우에 사용하는 것이 커널 회귀(Kernel regression)이다.

커널 회귀는 패러미터를 갖지 않는 방법으로 학습해야만 하는 패러미터가 없는 알고리즘이다. 모델은 데이터 자체를 기반으로 작성한다. 이 회귀의 가장 단순한 형태로 다음과 같은 모델을 찾는 것이다.

$$f(x) = \frac{1}{N}\sum_{i=1}^{N} w_i y_i \quad \text{여기서} \quad w_i = \frac{Nk\left(\dfrac{x_i - x}{b}\right)}{\sum_{l=1}^{N} k\left(\dfrac{x_l - x}{b}\right)} \tag{3.17}$$

$k(\ )$로 표시된 함수를 커널이라고 하고, 커널은 유사도 함수의 역할을 한다. 즉, x가 x_i에 유사하면 계수 w_i의 값이 최대가 되고 유사하지 않으면 최소가 된다. 커널은 다른 형식을 적용할 수도 있다. 가장 많이 사용되는 것이 다음과 같은 가우스 커널(Gaussian kernel)이다.

$$k(z) = \frac{1}{\sqrt{2\pi}} exp\left(\frac{-z^2}{2}\right) \tag{3.18}$$

식(3.17)에서 b는 하이퍼패러미터이고 검증 데이터를 이용하여 그 값을 조정
한다. 어떤 b의 값을 갖는 모델에 대하여 검증 데이터를 사용하여 MSE를 계산
한다. b의 값이 회귀곡선의 형태에 미치는 영향은 그림 3-33과 같다.

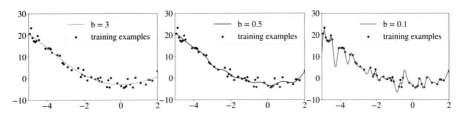

그림 3-33　　커널 회귀에서 하이퍼패러미터 b에 따른 회귀 결과의 예

입력이 다차원 벡터이면 식(3.17)에서 $x_i - x$항과 $x_l - x$항은 각각 $\| x_i - x \|$
과 $\| x_l - x \|$로 바뀌게 된다. 머신러닝에서 커널 함수를 사용하는 기법을 커
널 기법이라고 하는데, 이 기법은 저차원의 원래 입력 데이터를 고차원 공간으
로 매핑하여, 고차원 공간에서 회귀 또는 분류의 성능을 더 높이는 방법이다.
이 때 고차원 공간에서의 변환된 좌표를 계산하지 않고도, 단순히 속성 공간에
서 모든 데이터 쌍의 내적을 계산함으로써 암묵적(implicit)으로 고차원 공간
에서 분류 또는 회귀를 위한 계산을 할 수 있게 한다. 고차원의 좌표를 명시적
으로 계산하지 않음으로써 계산 필요량을 획기적으로 줄일 수 있다. 이러한 기
법을 kernel trick이라고 한다. 이 예제의 코드는 표 3-16과 같다.

커널 함수를 사용하는 알고리즘에는 kernel perceptron, support vector machines (SVM), Gaussian processes, principal components analysis (PCA), canonical correlation analysis, ridge regression, spectral clustering, linear adaptive filters 등이 있다. 모든 선형 모델은 데이터의 저차원 속성 벡터의 내적을 커널 함수로 바꾸는 커널 트릭을 사용하여 고차원의 선형 모델로 쉽게 변형함으로써, 데이터의 원래 저차원에서는 비선형으로 작동하게 만드는 모델로 바꿀 수가 있다.

표 3-16 Kernel regression 예제 코드

```python
import numpy as np
import matplotlib.pyplot as plt
from sklearn.kernel_ridge import KernelRidge

def f (x):
    """function to approximate by polynomial interpolation"""
    y = x**2
    return y

def kernel (x1, x2, b = 2 ):
    z = (x1 - x2) / b
    return (1 /np.sqrt(2 *3.14 )) * np.exp(-z**2 /2 )

# plot에 이용될 x 데이터 생성
x_plot = np.linspace(-5 , 2 , 101 )
# x_plot 중 일부를 training data로 추출
np.random.seed(8 )
x = np.copy(x_plot)
np.random.RandomState(0 ).shuffle(x)
x = np.sort(x[:50 ])
noise = 5 *np.random.random(len (x))-5
y = f(x) + noise
```

```python
# 모델 입력 가능 형식으로 변환
X = x[:,np.newaxis]
X_plot = x_plot[:,np.newaxis]
plot_control_list = ['r-', 'b-', 'm-']
degree_list = [0.1 ,0.5 ,3 ]

for count, degree in enumerate (degree_list):
    model = KernelRidge(alpha = 0.01 , kernel = kernel,
            kernel_params = {'b':degree})
    model.fit(X,y)
    y_plot = model.predict(X_plot)
    plt.figure(count)
    plt.plot(x,y, 'ko', label= "training examples")
    plt.plot(x_plot, y_plot, plot_control_list[count],
            label = "b = " + str (degree))
    plt.legend()
    plt.xlim([-5 ,2 ])
    plt.ylim([-10 ,30 ])
plt.show()
```

3.4 분류 알고리즘

3.4.1 분류 목적 및 원리

머신 러닝에서 분류 알고리즘은, 데이터를 각 특성에 따라 분류하기 위한 것으로 분류 레이블 자체는 사용자가 지정해주는 지도 학습 알고리즘의 하나이다. 정답(레이블)이 있는 데이터를 이용하여 학습하여 모델을 구축한 이후에 미지의 데이터를 분류하는 것이 목적이다.

예를 들어 그림 3-34(a)와 (b)는 2차원 평면에서 두 가지 특성을 갖는 데이터를 분류하는 경우에 결정 분할선을 나타낸 것이다. 그러나 실제 문제의 데이터는 2차원보다 높은 차원을 가질 수도 있고, 분할선도 직선이 아닌 곡선으로만 분할이 가능한 경우(c)도 있다. 또한 일부 데이터가 잘못 분류 되기도 하지만 전체적으로 타당하게 분류가 되도록 약간의 오차를 허용하기도 한다.

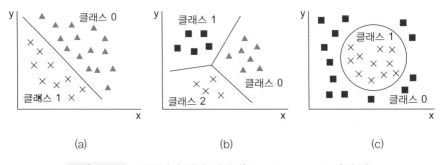

(a)   (b)   (c)

그림 3-34 분류에서 결정 경계선(decision boundary)의 예

다음 표 3-17 에는 주요 분류 알고리즘의 결정 경계 형태와 클래스 수를 비교
하였다.

표 3-17 주요 분류 알고리즘의 결정 경계와 클래스 수 비교

분류 알고리즘	결정 경계 형태	클래스 수
랜덤 포레스트	비연속	제한 없음(다클래스)
로지스틱 회귀	선형	제한 없음(다클래스)
소프트맥스 회귀	선형	제한 없음(다클래스)
선형 서포트벡터 분류	선형	2 클래스
가우스커널 서포트벡터 분류	비선형	제한 없음(다클래스)

분류 알고리즘은 데이터의 특징에 따라 클래스로 분류하는 것이고, 클래스의
경계를 결정 경계라고 한다. 데이터의 차원수에 따른 결정 경계를 비교하면 그
림 3-35(4차원 이상은 그림으로 표시할 수 없음)과 같다. 결정 경계를 결정선,
결정면, 분할선, 결정경계, 경계선, 경계면, 결정초평면(hyperplane), 결정곡선
등으로 부르기도 한다.

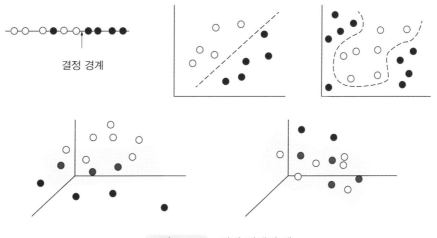

그림 3-35 결정 경계의 예

분류 알고리즘을 이용하여 수행하는 절차는 회귀와 동일하게, 데이터 세트를 훈련 데이터와 테스트 데이터로 분할하고, 특징변수(입력 데이터)을 표준화(정규화)하고, 예측 모델을 지정한다. 그 다음에 손실함수를 지정하고, 훈련 데이터와 손실함수를 이용하여 모델을 훈련하고, 테스트 데이터를 이용하여 알고리즘을 평가하게 된다. 분류 알고리즘의 종류에는 랜덤 포레스트, 로지스틱 회귀, 소프트맥스 회귀, 선형 서포트벡터 분류, 가우스 커널 서포트벡터 분류 등이 있다(3.1장 참고).

3.4.2 분류 모델의 평가

훈련 데이터를 사용하여 학습 알고리즘으로 모델을 구축하고 그 모델이 어느 정도 우수한지를 평가하기 위해서 테스트 데이터 세트를 이용하여 모델을 평가하는 것이 머신 러닝의 일반적인 절차이다. 구축한 모델이 테스트 데이터에 대해서도 레이블을 정확하게 예측하게 되면 일반화 성능이 우수하다고 할 수 있다. 회귀 모델의 평가는 매우 간단하지만 분류의 경우에는 모델의 평가가 단순하지는 않다.

그림 3-36과 같이 두 개의 분류 알고리즘에 대하여 분류 성능을 비교해보도록 하자. (a)의 경우는, 정확도(accuracy, 식 (3.19))는 0.99이지만 정상 부품 속에 불량 부품이 섞여 있으면 제품 생산에 문제가 발생하게 된다. 분류 알고리즘 (b)의 경우는 정확도는 낮아도 불량 부품을 바르게 분류를 하였다. 일부 정상 제품을 불량 부품을 분류하기도 하였지만 불량 부품은 모두 불량 부품으로 분류를 하였다.

따라서 분류 알고리즘은 문제에 특성에 맞는 분류 특성을 갖는 것이 중요하고, 상황에 따라 적합한 평가 방법을 적용하는 것이 필요하다. 분류 모델의 평가에 사용되는 방법에는 혼동 행렬(confusion matrix), 정확도(accuracy), 적합율과 재현율(precision/recall), ROC(Receiver operating characteristic) 곡선 아래 면적(area under the ROC curve) 등이 있다.

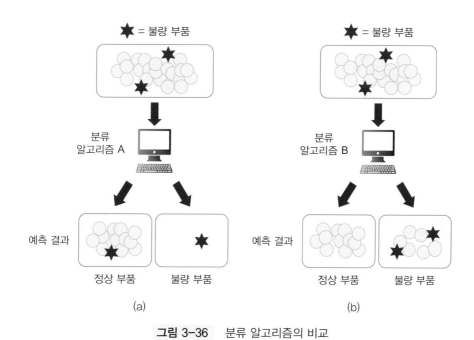

그림 3-36   분류 알고리즘의 비교

(1) 혼동 행렬

혼동행렬(confusion matrix)은 분할표(Contingency table)라고도 하고, 분류 모델에 의하여 다양한 클래스에 속하는 데이터의 예측이 어느 정도 적절히 수행이 되었는지를 정리한 표를 의미한다. 혼동행렬의 한 축에는 모델이 예측한 레이블이 있고 다른 한 축에는 실제 레이블(정답)을 나타낸다. 이진(binary 또는 이치) 분류에서는 클래스가 2개이고, 부품의 정상과 불량 여부를 예측하는 예를 혼동행렬로 나타내면 표 3-18와 같다.

표 3-18 혼동행렬의 예

	정상 부품(예측)	불량 부품(예측)
정상 부품(실제)	48(TP)	2(FN)
불량 부품(실제)	29(FP)	1046(TN)

이 예와 같은 혼동행렬에서 50개의 부품이 실제로 정상(양성, positive) 부품이지만, 모델은 그 가운데 48 만을 정확하게 정상 부품으로 예측을 했다. 따라서 48개를 진양성(true positive(TP), 올바른 양성)이라고 한다. 그리고 2개는 정상 부품임에도 불구하고 불량(음성, negative) 부품으로 예측을 하였고, 이를 위음성(false negative(FN), 잘못된 음성)이라고 한다. 마찬가지로 1,075개 부품이 불량 부품으로 분류가 되었으나, 이 가운데 1,046개가 진음성(true negative(TN), 올바른 음성)으로 분류가 되었고 29개는 잘 못 분류가 되어 이를 위양성(false positive(FP), 잘못된 양성)이라고 한다. 혼동행렬의 표현을 다시 정리를 하여 나타내면 표 3-19과 같다.

다클래스 분류에서 혼동행렬은 좀 더 복잡하게 된다. 혼동이 많은 데이터에 대하여 틀린 점을 구분할 수 있는 레이블을 사용한 데이터를 추가하거나 특징변수을 추가하여 구분을 할 수 있도록 하는 방법 등을 적용한다.

표 3-19 혼동행렬의 표현

		예측값	
		Y	N
실제값	Y	진양성(True Positive)	위음성(False Negative)
	N	위양성(False Positive)	진음성(True Negative)

(2) 정확도

정확도(accuracy)는 클래스로 분류가 된 데이터 가운데, 올바르게 분류된 데이터의 비율을 의미한다. 혼동행렬을 이용하면 다음과 같이 표현을 할 수 있다.

$$accuracy = \frac{TP + TN}{TP + TN + FP + FN} \tag{3.19}$$

정확도는 어느 클래스이든 오차가 없이 예측하려고 하는 경우에 필요한 척도이다. 따라서 불량 부품인지 정상 부품인지를 예측하는 것은 정확도와는 관계가 없다. 정상 부품 검출에서는 위양성(불량 부품을 정상 부품으로 예측)의 허용은 곤란하지만 위음성(정상 부품을 불량 부품으로 예측)은 모델의 정확도에 따라서 발생할 수도 있다. 정상 부품 검출에서 위양성은, 불량 부품을 정상 부품으로 잘 못 판단하여 제품 조립에 사용하게 되기 때문에 문제가 될 수 있다. 그리고 위음성은 모델이 정상 부품을 불량 부품으로 판단을 하여 폐기를 하는 경우가 된다.

(3) 적합율과 재현율

모델의 성능 평가에 제일 많이 사용되는 2개의 척도는 적합율(precision)과 재현율(recall)이다. 예측 결과 가운데 정답으로 예측한 결과의 정확도를 나타내는 지표가 적합율인데, 예측이 양성이 된 모든 경우에 대하여 올바르게 양성으로 예측된 경우의 비율을 의미하고 다음 식으로 표현이 된다.

$$precision = \frac{TP}{TP + FP} \tag{3.20}$$

재현율(recall, true positive rate)은, 데이터 세트의 전체 양성 레이블이 붙은 데이터 가운데 바르게 양성으로 예측된 경우의 비율로 다음 식과 같다.

$$recall\,(TPR) = \frac{TP}{TP+FN} \tag{3.21}$$

불량 부품을 정상 제품으로 분류를 하면 안 되기 때문에 불량 부품의 검출에는 높은 적합율이 필요하다. 그리고 작은 비율이지만 정상 부품이 불량 부품에 섞여 있어도 어쩔 수 없다고 볼 수도 있다. 따라서 재현율이 아주 높지 않아도 문제에 따라 어느 정도 용인이 될 수도 있다. 실제로는 적합율과 재현율을 둘 다 높게 유지하는 것은 어렵기 때문에 한 쪽이 높아지도록 다음과 같은 방법을 이용하여 선택을 하도록 한다.

(1) 특정 클래스에 속해 있는 데이터에 큰 가중치를 적용한다. 예를 들면, 적합율을 높이기 위해서, 음성 클래스의 데이터에 가중치를 더 높게 적용할 수 있다.

(2) 하이퍼패러미터를 조정하여 검증 테이터 세트에 대하여 적합율 또는 재현율이 최대가 되도록 한다.

(3) 클래스의 확률을 알 수 있는(계산하는) 알고리즘(예 로지스틱 회귀 또는 결정목)을 이용하여 판정 임계값을 변경 한다.

다음 표 3-20에는 머신 러닝에서 분류 알고리즘의 평가 척도의 의미를 정리하여 나타내었다.

표 3-20 분류 알고리즘의 평가 척도들의 의미

정확도 accuracy	전체 샘플 중 맞게 예측한 샘플 수의 비율. 높을수록 좋음. 일반적으로 학습에서 최적화 목적함수로 사용.
정밀도(적합율) Precision	양성 클래스에 속한다고 출력한 샘플 중 실제로 양성 클래스에 속하는 샘플 수의 비율. 높을수록 좋음.
재현율 recall	실제 양성 클래스에 속한 표본 중에 양성 클래스에 속한다고 출력한 표본의 수의 비율. 높을수록 좋음. TPR(true positive rate) 또는 민감도(sensitivity)라고도 함
위양성율 fall-out	실제 양성 클래스에 속하지 않는 표본 중에 양성 클래스에 속한다고 출력한 표본의 비율. 낮을수록 좋음 FPR(false positive rate) 또는 1에서 위양성률의 값을 뺀 값을 특이도(specificity)라고도 함

(4) ROC 곡선 아래 면적(Area under the ROC curve(AUC))

ROC는 receiver operating characteristics(수신자조작특성)으로, ROC 특성은 분류 모델의 성능 평가에 많이 사용되는 방법이다. ROC 곡선은 세로축에 재현율(식 (3.21))을 가로축에 위양성률(식 (3.22))을 표시하여 분류 성능의 나타내는 것이다.

$$false\,positive\,rate\,(FPR) = \frac{FP}{FP + TN} \qquad (3.22)$$

로지스틱 회귀, 신경망, 결정목 등 알고리즘에서 분류 성능을 평가하는 데 사용할 수 있다.

그림 3-36에서 (b)의 그래프는 임계값이 0인 경우로 모두 양성으로 예측이 되어 TPR과 FPR이 모두 1인 경우이다. (c)의 경우는 임계값이 1인 경우로 양성으로 예측된 경우가 없어 TPR과 FPR 모두 0인 경우이다. ROC 곡선의 아래 면적(AUC)가 커지면 분류기의 성능이 좋은 것이라고 할 수 있다. AUC가 0.5 이

상의 분류기는 랜덤 분류기보다 우수하고 0.5 미만이면 분류 알고리즘에 문제
가 있다고 생각할 수 있다. 따라서 완전한 분류 알고리즘은 AUC가 1이 된다.
일반적으로 분류 알고리즘 모델이 우수할수록 TPR은 1에 가까워지고, FPR은
0에 가까운 (d)와 같은 형태가 된다.

혼동행렬에 대한 파이썬 예제 코드는 표 3-21과 같고 실행 결과는 그림 3-37과
같다.

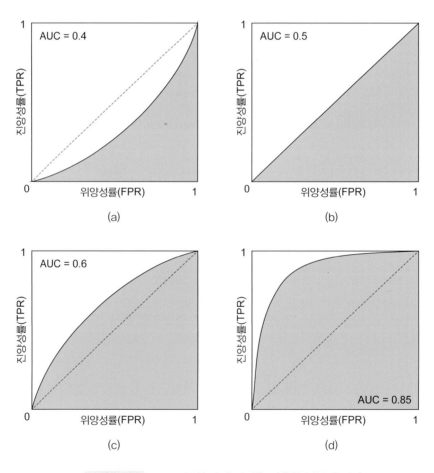

그림 3-37　ROC 곡선 아래 면적을 이용한 분류의 평가

표 3-21 혼동행렬 예제 코드

```python
import numpy as np
import matplotlib.pyplot as plt
from sklearn.datasets import make_classification
from sklearn.linear_model import LogisticRegression
from sklearn.metrics import confusion_matrix
from sklearn.metrics import roc_curve
from sklearn.metrics import classification_report
# 다중 클래스의 예
y_true = [1 ,1 ,2 ,2 ,0 ,0 ,0 ]
y_pred = [1 ,1 ,2 ,0 ,0 ,0 ,2 ]
class_names = ['class_0', 'class_1', 'class_2']
print (classification_report(y_true, y_pred, target_names =
class_names))
X, y = make_classification(n_samples = 16 , n_features = 2 , n_
informative = 2 , n_redundant = 0 ,
random_state = 0 )
model_lr = LogisticRegression().fit(X,y)
y_pred_lr = model_lr.predict(X)
print ('confusion matrix (LogisticRegression):\n ',confusion_
matrix(y, y_pred_lr, labels=[1 ,0 ]))
fpr, tpr, thr = roc_curve(y, model_lr.decision_function(X))
plt.figure()
plt.fill_between(fpr, tpr, step="pre", alpha=0.4 )
plt.plot(fpr, tpr, 'ko-', label='Logistic regression')
plt.plot([0 ,1 ], [0 ,1 ], 'k--')
plt.xlabel('FPR')
plt.ylabel('TPR')plt.title('ROC curve')

plt.show()
```

3.4.3 결정 트리 및 랜덤포레스트

결정 트리(Decision tree) 알고리즘은 이름 그대로 의사 결정을 지원하는 방법이지만, 머신 러닝에서는 데이터를 분류하는 알고리즘으로 사용한다. 결정 트리 알고리즘은 데이터를 복수의 클래스로 분류하는 알고리즘이고, 규칙에 따라 데이터의 특징변수를 파악하여 분기 처리를 하여 분류한다. 결정 트리 알고리즘은 분류 규칙을 추출하여 가시화할 수 있기 때문에 분류 결과를 쉽게 해석할 수 있다는 장점이 있다. 단점으로는, 과도학습을 할 가능성이 있다는 점이다. Scikit-learn의 와인 데이터를 이용하여 결정 트리를 수행한 결과를 가시화한 결과 및 예제 코드는 각각 그림 3-37 및 표 3-22과 같다.

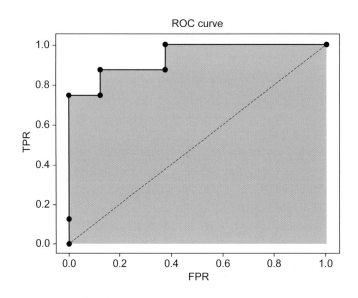

그림 3-38 혼동행렬 예제 코드의 실행 결과

그림 3-38의 첫 번째 트리 노드를 보면, 와인의 색채의 강도는 3.46 이하, 지니 계수는 0.622, 훈련 데이터의 개수는 142개로 전체 데이터의 80%, 분류 종류에 따른 데이터의 수, 그리고 제일 데이터 개수가 많은 분류 종류 등의 정보가 있다. 이 예제의 파이썬 코드는 표 3-22과 같다. 와인 데이터를 import 하여 데이터의 특징변수와 분류 레이블 데이터를 취득하고 데이터를 80%의 훈련 데이터와 20%의 테스트 데이터로 분할한다. 다음, 결정 트리를 인스턴스화하고 훈련 데이터를 이용하여 결정 트리를 학습한다. 그리고 정확도를 표시하고, 분류 규칙에 따라 그래프(트리)로 표현한다.

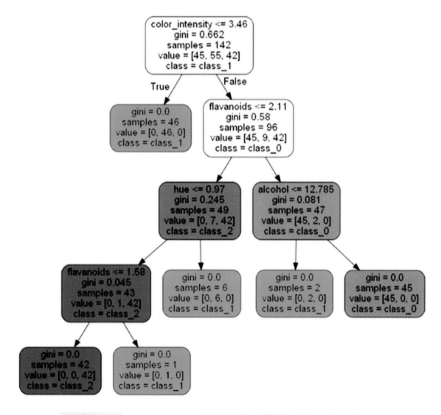

그림 3-39 Scikit-learn의 데이터를 이용한 결정 트리 수행 결과

랜덤포레스트(Random forest)는 다수결을 이용하는 앙상블(Ensemble) 학습 알고리즘으로, 일반화 능력을 향상 시키기 위해서 결정 트리로부터 다수결에 의한 결정을 하는 분류 알고리즘이다. 랜덤포레스트 분류 알고리즘의 개념과 결정 트리와 동일한 Scikit-learn의 데이터를 이용한 예제 코드는 각각 그림 3-39 및 표 3-23과 같다.

표 3-22 Scikit-learn의 데이터를 이용한 결정 트리 예제 코드

```python
from sklearn import tree
from sklearn.datasets import load_wine
from sklearn.model_selection import train_test_split
import pydot

# 와인 데이터를 import
wine = load_wine()
# 특징량과 라벨 데이터를 취득
wine_data = wine.data
wine_target = wine.target

# 데이터를 분할
X_train, X_test, y_train, y_test = train_test_split(wine_data,
wine_target, test_size = 0.2 , random_state=0 )

# 결정목을 인스턴스화
clf_tree = tree.DecisionTreeClassifier()
# 학습 데이터로부터 결정목 학습
clf_tree.fit(X_train, y_train)
# 정확도를 표시
print (clf_tree.score(X_test, y_test))

# DOT언어로 그래프를 표현하고, tree.dot을 생성
tree.export_graphviz(clf_tree, feature_names = wine.feature_
names, class_names = wine.target_names, filled = True , rounded =
True , out_file = 'tree.dot')
```

```
# tree.dot를 시각화하여 그림으로 출력
(graph, ) = pydot.graph_from_dot_file('tree.dot')
graph.write_png('tree.png')
```

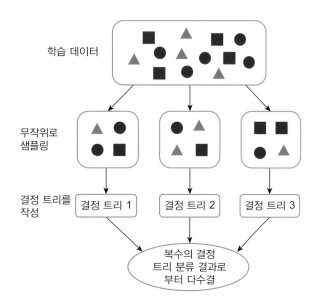

그림 3-40   랜덤포레스트 분류 알고리즘의 개념

표 3-23   랜덤포레스트 예제 코드

```
from sklearn import ensemble
from sklearn.datasets import load_wine
from sklearn.model_selection import train_test_split
# 와인 데이터를 import
wine = load_wine()
# 특징량과 라벨 데이터를 취득
wine_data = wine.data
wine_target = wine.target
# 데이터를 분할
```

```
X_train, X_test, y_train, y_test = train_test_split(wine_data,
wine_target, test_size=0.2 , rand
om_state=0 )
# Random forest를 인스턴스화
clf = ensemble.RandomForestClassifier(n_estimators = 100 ,
random_state=1 )
# 학습 데이터로부터 학습을 수행
clf.fit(X_train, y_train)
# 정확도를 표시
print (clf.score(X_test, y_test))
```

위의 예제에서는 n_estimator 패러미터에 100을 지정했었지만, 최적의 패러미터를 찾기 위해서 여러 조건에 대하여 일일이 조건을 바꿔 가면 수행해야 한다. 이와 같은 경우에 효율을 높이기 위해서 GridSearchCV 분류를 이용한다. 다음 표 3-24 및 그림 3-40에는 다양한 패러미터를 시험하는 예제 코드와 제일 정확도가 높은 패러미터를 계산한 결과를 각각 나타내었다.

표 3-24 그리드서치 알고리즘 예제 코드

```
from sklearn.datasets import load_wine
from sklearn.model_selection import GridSearchCV
from sklearn.ensemble import RandomForestClassifier
# 데이터의 준비
wine = load_wine()
data = wine.data
target = wine.target
# 각 파라미터의 시험해보려 배열을 지정

parameters = {
        'n_estimators' : [3 ,5 ,10 ,30 ,50 ,100 ],
        'max_features' : [1 ,3 ,5 ,10 ],
```

```
        'random_state' : [0 ],
        'min_samples_split' : [3 ,5 ,10 ,30 ,50 ],
        'max_depth' : [3 ,5 ,10 ,30 ,50 ]
}
# 분류기 및 파라미터를 인수로 전달
clf = GridSearchCV(estimator=RandomForestClassifier(), param_
grid=parameters, cv = 5 )
# 분류기를 실행
clf.fit(data, target)
# 제일 정확도가 높은 파라미터 값을 출력
print (clf.best_estimator_)
```

```
RandomForestClassifier(bootstrap=True, ccp_alpha=0.0, class_weight=None,
                criterion='gini', max_depth=10, max_features=1,
                max_leaf_nodes=None, max_samples=None,
                min_impurity_decrease=0.0, min_impurity_split=None,
                min_samples_leaf=1, min_samples_split=5,
                min_weight_fraction_leaf=0.0, n_estimators=30,
                n_jobs=None, oob_score=False, random_state=0, verbose=0,
                warm_start=False)
```

그림 3-41　　그리드서치 알고리즘 수행 결과

3.4.4 로지스틱 회귀

로지스틱 회귀(Logistic regression)는 전술한 바와 같이 회귀라는 이름이 붙어 있지만 분류에 많이 사용되는 알고리즘이고, 2개의 클래스로 분류하는 이진(2 치, binary) 분류에 적용이 가능하다. 선형 회귀의 예측 모델은, 바이어스 패러 미터(θ_0)와 n개의 특징변수(feature, 속성) 패러미터(θ)에 가중치를 더 하여 식 (3.23)과 같다.

$$h_\theta(x) = \theta_0 + \theta_1 x_1 + \theta_2 x_2 + \cdots + \theta_n x_n = \theta^T x \tag{3.23}$$

로지스틱 회귀는 식 (3.19)와 같은 선형 회귀 예측 모델을 그림 3-41과 같은 sigmoid함수로 바꾼 것이다.

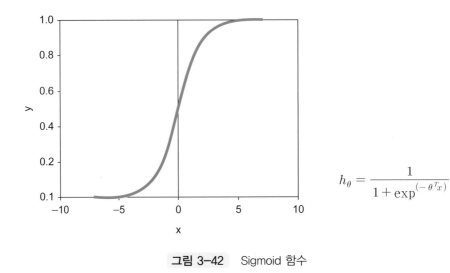

$$h_\theta = \frac{1}{1 + \exp^{(-\theta^T x)}}$$

그림 3-42   Sigmoid 함수

로지스틱 회귀의 예측 모델은 정답 레이블($y = 1$)로 분류될 확률을 출력하여 예측 모델의 부호에 따라 이산적인 결과(클래스)를 예측하는 것으로 발생확률을 예측하여 확률에 따라 2개의 클래스로 분류를 하는 것이다.

따라서 $\theta^T x \geq 0$이면 예측 모델은 ≥ 0.5가 되어 클래스 1로 예측을 하고, $\theta^T x < 0$이면 예측 모델은 < 0.5가 되어 클래스 0으로 예측을 한다.

로지스틱 회귀에서 손실 함수는 정답 레이블이 $y = 1$인 경우에는

$$J(\theta) = -\log(h_\theta(x)) \tag{3.24}$$

이고, 정답 레이블이 $y = 0$인 경우에는

$$J(\theta) = -\log(1 - h_\theta(x)) \tag{3.25}$$

이 된다. 클래스 1과 0의 확률이 1에 가까워질수록 손실함수는 0이 되고 손실 함수를 그림으로 나타내면 그림 3-42와 같다.

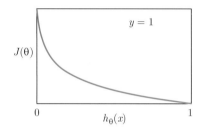
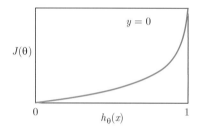

그림 3-43　로지스틱 회귀에서 레이블에 따른 손실함수

정답 레이블 $y = 0$, $y = 1$은 서로 독립이기 때문에 오차는 $y = 0$과 $y = 1$의 손실함수의 합계가 된다. 훈련 데이터가 m개 및 특징변수 수가 n개일 경우에 로지스틱 회귀의 손실 함수는 다음과 같이 된다.

$$J(\theta) = -\frac{1}{m}\sum_{i=1}^{m}\left[y^{(i)}\log\left(h_\theta(x^{(i)})\right) + (1 - y^{(i)})\log(1 - h_\theta(x^{(i)}))\right] \tag{3.26}$$

여기서

$$h_\theta(x^{(i)}) = \frac{1}{1 + \exp(-\theta^T x^{(i)})}$$

$$\theta^T x^{(i)} = \theta_0 + \theta_1 x_1^{(i)} + \theta_2 x_2^{(i)} + \cdots + \theta_n x_n^{(i)} = \sum_{j=0}^{n}\theta_j x_j^{(i)}$$

로지스틱 회귀의 손실 함수를 cross entropy라고 하고, 손실 함수를 최소화할 수 있는 θ를 계산해야 한다. 로지스틱 회귀에는 비선형인 시그모이드 함수를 사용하기 때문에 해석적으로 구하기가 어렵다. 따라서 Batch gradient descent 에 이용하여 근사적으로 손실 함수의 최소화를 구하게 된다. 경사하강법을 적용하여 손실함수를 최소화하는 θ를 근사적으로 계산하는 관계는 식 (3.23)과 같다.

$$\theta_j = \theta_j - \eta \frac{\partial}{\partial \theta_j} J(\theta) = \theta_j - \frac{\eta}{m} \sum_{i=1}^{m} \left(h_\theta(x^{(i)}) - y^{(i)} \right) x_j^{(i)} \tag{3.27}$$

로지스틱 회귀의 과도학습은 다음과 같은 L2 정칙화로 억제를 할 수 있고, 하이퍼패러미터 α를 조정하여 최적의 값을 구하도록 한다.

$$J(\theta) = -\frac{1}{m} \sum_{i=1}^{m} \left[y^{(i)} \log \left(h_\theta(x^{(i)}) + (1 - y^{(i)}) \log(1 - h_\theta(x^{(i)})) \right) \right] + \frac{\alpha}{2m} \sum_{j=1}^{n} \theta_j^2 \tag{3.28}$$

또는 $C = 1/\alpha$로 바꾸면

$$J(\theta) = -C \sum_{i=1}^{m} \left[y^{(i)} \log \left(h_\theta(x^{(i)}) + (1 - y^{(i)}) \log(1 - h_\theta(x^{(i)})) \right) \right] + \frac{1}{2} \sum_{j=1}^{n} \theta_j^2 \tag{3.29}$$

로부터 C를 크게 하면 정칙화가 약하게 되고, C가 작으면 학습 부족의 모델이 된다.

일반적인 로지스틱 회귀는 2 클래스 분류만 가능한 이진 분류기(그림 3-43(a)) 이고, 클래스 3 이상((b))의 다클래스 분류는 불가능하다.

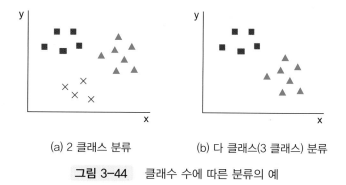

(a) 2 클래스 분류　　　　　　(b) 다 클래스(3 클래스) 분류

그림 3-44　클래수 수에 따른 분류의 예

그러나 OVR(One vs Rest) 방법을 이용하면 다클래스 분류가 가능하게 된다. OVR 방법의 개념은 그림 3-44과 같고, 이와 같이 2 클래스 분류를 반복적으로 이용하면 다클래스 분류가 가능하다.

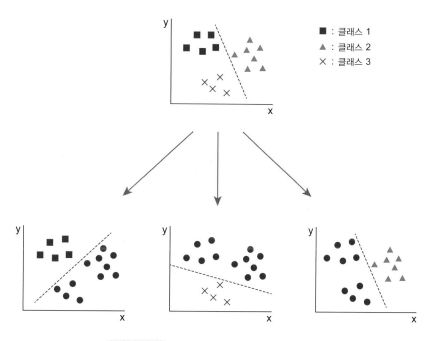

그림 3-45　OVR 방법에 의한 다클래스 분류

Scikit-learn의 데이터 세트를 이용한 로지스틱 회귀에 의한 다클래스 분류 예제 결과물과 예제 코드는 각각 표 3-25 및 그림 3-45과 같다.

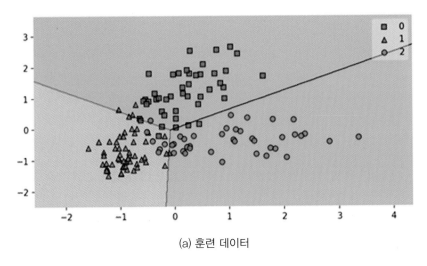

(a) 훈련 데이터

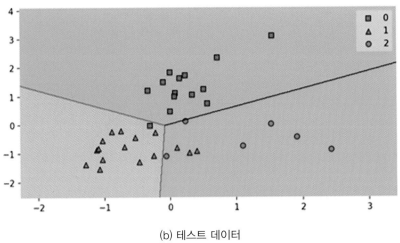

(b) 테스트 데이터

그림 3-46   로지스틱 회귀에 의한 다클래스 분류의 예

표 3-25 로지스틱 회귀에 의한 다클래스 예제 코드

```python
import matplotlib.pyplot as plt
import numpy as np
from sklearn.linear_model import LogisticRegression
from sklearn.preprocessing import StandardScaler
from sklearn.model_selection import train_test_split
from sklearn.metrics import accuracy_score
from mlxtend.plotting import plot_decision_regions
from sklearn import datasets


wine_data = datasets.load_wine()
X,y = wine_data.data[:, [9 , 12 ]], wine_data.target
X[:5 ],y[:5 ]

# 특징량과 정해 라벨을 훈련 데이터와 테스트 데이터로 분할
X_train, X_test, y_train, y_test = train_test_split(X,y, test_
size =0.2 , random_state = 0 )
print ('X_train의 형상 : ', X_train.shape, 'y_train의 형상 : ',
       y_train.shape,'X_test의 형상 : ', X_test.shape,'y_test의
       형상',y_test.shape)

# 특징량의 표준화
scaler = StandardScaler()
# 훈련 및 테스트 데이터를 변환기로 표준화
X_train_std, X_test_std = scaler.fit_transform(X_train),scaler.
transform(X_test)

# 로지스틱 회귀 모델을 작성
model = LogisticRegression(max_iter=100 , multi_class = 'ovr',
solver = 'liblinear', C = 1.0 , penalty = 'l2', l1_ratio = None,
random_state = 0 )

# 모델의 훈련
model.fit(X_train_std, y_train)
# 훈련의 데이터 정확도를 계산
y_train_pred = model.predict(X_train_std)
```

```
accuracy = accuracy_score(y_train, y_train_pred)
print ('정확도 = ', round (accuracy,2 ))

#테스트 데이터의 정확도를 계산
y_test_pred = model.predict(X_test_std)
accuracy = accuracy_score(y_test, y_test_pred)
print ('정확도 = ', round (accuracy,2 ))

# 로지스틱 회귀 모델에 의한 훈련 데이터의 그림
plt.figure(figsize = (8 ,4 )) # 그림 크기의 지정
plot_decision_regions(X_train_std, y_train, model)
plt.show()
new_test = [[0.1 , -0.1 ]] # 미지 데이터의 작성

print ('로지스틱 회귀')
print ('예측',model.predict(new_test))
print ('스코어', model.decision_function(new_test)) # 미지 데이터의 스코어
print ('확률', model.predict_proba(new_test)) # 미지 데이터의 확률
# 미지 데이터의 색과 플로린 표준화 전의 특징량
print (scaler.inverse_transform(new_test))
```

3.4.5 소프트맥스 회귀(Softmax regression)

2개의 클래스 이상의 다클래스를 분류할 수 있는 Multiple logistic regression 이 소프트맥스 회귀이다. 한 개의 클래스와 다른 클래스간의 확률을 계산하는 OVR과는 다르게 정답 레이블에 클래스의 개수 K만큼의 차원이 있는 벡터(K 차원 one hot vector, 정답 클래스 차원의 값만 1이고 나머지는 모두 0인 벡터) 를 이용하여 확률을 계산하여 분류를 하는 알고리즘이다.

소프트맥스 회귀는 $y = (0, 0, 1, 0)^T$와 같은 One hot vector 인코딩을 이용해서 확률을 계산한다. 클래스의 개수(K)가 많아지면 계산량이 증가하지만 OVR에

비하여 정확하게 계산할 수 있다. 소프트맥스 회귀의 예측 모델은 K 차원의 벡터를 출력한다. 클래스 k의 확률 $h_k(x)$와 k번째의 클래스의 패러미터 벡터 $\theta^{(k)}$ $= (\theta_0^{(k)}, \theta_1^{(k)} \cdots \theta_n^{(k)})^T$를 이용하여 K개의 클래스에 대하여 패러미터 벡터 $\theta^{(k)}$를 훈련하여 k번째의 클래스의 확률 $h_k(x)$을 예측을 한다. K개의 클래스의 확률의 합계는 식 (3.30)과 같이 1이 된다.

$$h_1(x) + h_2(x) + \cdots + h_K(x) = 1 \tag{3.30}$$

k번째의 클래스의 예측 모델 $h_k(x)$는 K개의 작성된 클래스 마다의 스코어 $s_k(x)$(식 (3.27))를 소프트맥스 함수로 정규화한 식(식 (3.28))이 된다. 소프트맥스 함수는 시그모이드 함수를 K개로 확장한 것으로 $K = 2$의 경우는 로지스틱 회귀의 시그모이드 함수가 된다.

$$S_k(x) = (\theta^{(k)})^T x \tag{3.31}$$

$$h_k(x) = \frac{\exp(s_k(x))}{\displaystyle\sum_{j=1}^{K} \exp(s_j(x))} \tag{3.32}$$

소프트맥스 회귀의 손실함수는 식 (3.33)과 같은 Softmax loss entropy를 사용한다.

$K = 2$일 경우에 로지스틱 회귀의 손실함수와 같아지게 된다.

$$J(\theta) = -\frac{1}{m} \sum_{i=1}^{m} \sum_{j=1}^{K} y_j^{(i)} \log(h_j(x^{(i)})) \tag{3.33}$$

패러미터 벡터 $\theta^{(k)}$의 기울기는 식 (3.34)과 같이 경사하강법으로 계산을 한다.

$$\nabla_{\theta(k)} J(\theta) = \frac{1}{m} \sum_{i=1}^{m} \left(h_k^{(i)}(x) - y_k^{(i)} \right) x^{(i)} \tag{3.34}$$

그림 3-46는 소프트맥스 회귀에 의한 다클래스 분류 예로서 훈련 데이터의 분류 결과를 나타내고, 그림 3-47은 테스트 데이터 분류 결과를 나타낸다.

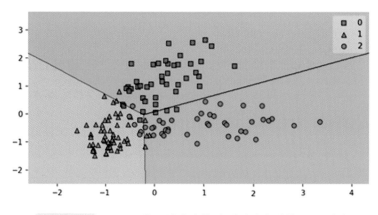

그림 3-47　소프트맥스 회귀의 훈련 데이터에 대한 분류 결과

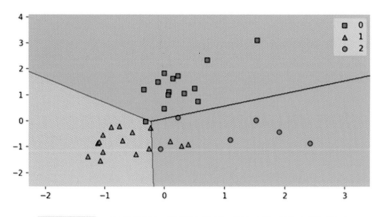

그림 3-48　소프트맥스 회귀의 훈련 데이터에 대한 분류 결과

표 3-26 소프트맥스 회귀의 예제 코드

```python
import matplotlib.pyplot as plt
import numpy as np
from sklearn.linear_model import LogisticRegression
from sklearn.preprocessing import StandardScaler
from sklearn.model_selection import train_test_split
from sklearn.metrics import accuracy_score
from mlxtend.plotting import plot_decision_regions
from sklearn import datasets

# sklearn의 와인 데이터 세트를 읽어 들임
wine_data = datasets.load_wine()
X,y = wine_data.data[:,[9 ,12 ]],  wine_data.target
# 특징변수와 레이블을 훈련 데이터와 테스트 데이터로 분할
X_train, X_test, y_train, y_test = train_test_split(X, y, test_
size=0.2 , random_state=0 )
# 특징변수의 표준화
scaler = StandardScaler()
# 훈련 및 테스트 데이터를 변환기로 표준화
X_train_std, X_test_std = scaler.fit_transform(X_train), scaler.
transform(X_test)

# 소프트맥스 회귀 모델 작성
model_lr = LogisticRegression(max_iter=100 , multi_class
= 'multinomial', solver='lbfgs', C=1.0, penalty='l2', l1_
ratio=None , random_state=0 )
# 모델의 훈련
model_lr.fit(X_train_std, y_train)

# 훈련 데이터로 정확도를 계산
y_train_pred = model_lr.predict(X_train_std)
accuracy = accuracy_score(y_train, y_train_pred)
print ('정확도 = %.2f ' % (accuracy))

# 테스트 데이터로 정확도를 계산
y_test_pred = model_lr.predict(X_test_std)
```

```
accuracy = accuracy_score(y_test, y_test_pred)
print ('정확도 = %.2f ' % (accuracy))
new_test = [[0.1 ,-0.1 ]] # 미지의 데이터를 작성
print ('소프트맥스 회귀')
print ('예측',model_lr.predict(new_test)) # 미지의 데이터의 분류예측
print ('결정함수',model_lr.decision_function(new_test))
                                        # 미지의 테이터의 결정함수
print ('확률',model_lr.predict_proba(new_test))
                                        # 미지의 데이터의 확률
# 소프트맥스 회귀 모델에 의한 훈련 데이터의 그림
plt.figure(figsize=(8 ,4 )) #그림 크기의 지정
plot_decision_regions(X_train_std, y_train, model_lr)
plt.title('Training data')
# 소프트맥스 회귀 모델에 의한 테스트 데이터의 그림
plt.figure(figsize=(8 ,4 )) #그림 사이즈의 지정
plot_decision_regions(X_test_std, y_test, model_lr)
plt.title('Test data')
print (model_lr.coef_) #기울기
print (model_lr.intercept_) #절편
plt.show()
```

3.4.6 ▶ 서포트벡터머신 분류(Support vector machine classification: SVC))

서포트벡터머신은 분류 및 회귀에 많이 사용되는 지도학습 알고리즘이다. 데이터를 2개로 분리하는 직선은 그림 3-48(a)와 같이 여러 개가 있을 수 있지만, 서포트벡터머신 알고리즘에서는 (b)와 같이 분할선으로부터 최근접 데이터까지의 마진(데이터부터 분할선까지의거리의 제곱)의 합이 최대화되는 직선을 제일 좋은 분할선으로 생각할 수 있다.

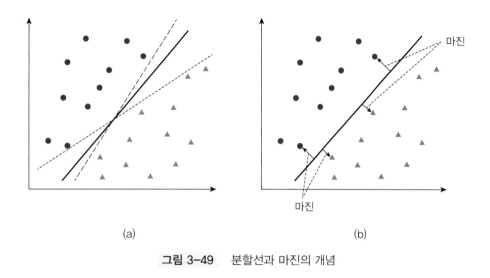

(a)   (b)

그림 3-49   분할선과 마진의 개념

서포트벡터머신은 학습 데이터의 노이즈에도 강하고 분류성능이 매우 높은 것이 특징이다. 다른 알고리즘과 비교하여 학습 데이터 수도 많이 필요하지 않다. 기본적으로 2 클래스 분류 알고리즘이지만 변형을 하여 다클래스 분류에도 사용할 수 있다.

서포트벡터머신 분류 모델은 3.2.6장에 기술한 바와 같은 마진(margin)을 이용하여 마진의 위 또는 내측의 데이터만으로 기울기와 절편을 계산을 하고, 마진 바깥은 데이터는 예측 모델에 사용하지 않는다. Scikit-learn을 이용한 예제(그림 3-49)에서 정답 레이블이 0과 1이 마진 위에 1점씩 있다. 점선의 마진 위의 데이터를 서포트 벡터라고 한다. 선형 서포트 벡터 분류는 마진을 최대화하도록 결정 경계선을 계산하는 알고리즘이다. 선형 서포트벡터 분류는 마진을 최대화하는 기준으로 경계선을 결정하기 때문에 로지스틱 회귀의 예측 모델과는 다른 결정 경계를 갖는다.

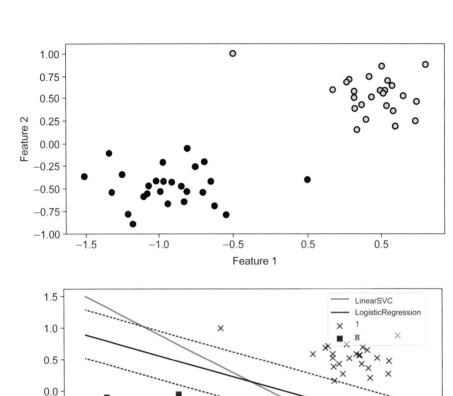

그림 3-50 Scikit-learn 데이터를 이용한 서포트벡터 머신 분류 예제 실행 결과

표 3-27 Scikit-learn 데이터를 이용한 서포트벡터 머신 분류 예제 파이썬 코드

```python
import numpy as np
import matplotlib.pyplot as plt
from sklearn.svm import LinearSVC
from sklearn.linear_model import LogisticRegression
from sklearn.preprocessing import StandardScaler
from sklearn.model_selection import train_test_split
```

```python
from mlxtend.plotting import plot_decision_regions
from sklearn.datasets import make_blobs

X, y = make_blobs(random_state=0 ,
                  n_samples=50 ,
                  n_features=2 ,
                  cluster_std=0.2 ,
                  centers=[(-1.0 , -0.5 ),(0.5 , 0.5 )])
X = np.vstack((X, [0.0 ,-0.4 ],[-0.5 ,1.0 ]))
y = np.hstack((y, 0 ,1 ))

plt.figure(figsize=(8 , 4 ))
plt.scatter(X[:, 0 ], X[:, 1 ], marker='o', c=y, s=25 , edgecolor='k')
plt.xlabel("Feature 1")
plt.ylabel("Feature 2")

# SVC 회귀 모델을 작성
model = LinearSVC(loss='hinge', C=1000000 , random_state=0 )
# 모델의 훈련
model.fit(X, y)
# 로지스틱 회귀 모델을 작성
model2 = LogisticRegression(C=1.0 , multi_class = 'ovr',
max_iter=100 , solver='liblinear',penalty='l2', random_state=0 )

# 모델의 훈련
model2.fit(X, y)
# 결정 경계용의 변수 X_bdry을 작성
X_bdry = np.linspace(-1.5 , 1 , 100 )[:, np.newaxis]
# SVC의 결정 경계의 작성
w = model.coef_[0 ]
b = model.intercept_[0 ]
decision_bdry = -w[0 ]/w[1 ] * X_bdry - b/w[1 ]
# SVC의 결정 경계 상하의 마진 작성
margin = 1 /w[1 ]
up = decision_bdry + margin
down = decision_bdry - margin
```

```python
# 로지스틱 회귀의 결정 경계
w2 = model2.coef_[0 ]
b2 = model2.intercept_[0 ]
decision_bdry2 = -w2[0 ]/w2[1 ] * X_bdry - b2/w2[1 ]
plt.figure(figsize=(8 ,4 )) # 그림 크기의 지정

# 결정 경계. 마진의 plot
plt.plot(X_bdry, decision_bdry, linestyle = "-", color='black',
label='LinearSVC')
plt.plot(X_bdry, up, linestyle = ":", color='red')
plt.plot(X_bdry, down, linestyle = ":",color='blue')
plt.plot(X_bdry, decision_bdry2, linestyle = "-", color='lime',
label='LogisticRegression')

# 훈련 데이터의 산포도
plt.plot(X[:, 0 ][y==1 ], X[:, 1 ][y==1 ], 'rx', label='1')
plt.plot(X[:, 0 ][y==0 ], X[:, 1 ][y==0 ], 'bs', label='0')
plt.legend(loc='best')
plt.show()
```

특징변수를 n 개를 갖는 선형 모델은 다음 식과 같다.

$$h_\theta(x) = \theta_o + \theta_1 x_1 + \theta_1 x_1 + \cdots + \theta_n x_n \tag{3.35}$$

하이퍼패러미터의 특징변수를 $x_o = 1$이라고 하면 SVC의 예측 모델 $h_\theta(x)$은 $n+1$ 차원의 패러미터의 벡터 $\theta = (\theta_o, \theta_1, \cdots, \theta_n)^2$로 $n+1$ 차원의 특징변수 벡터 $x = (x_o, x_1, \cdots, x_n)^T$의 내적으로 다음 식으로 나타낼 수 있다.

$$h_\theta(x) = \theta^T x \tag{3.36}$$

$\theta^T x \geq 0$이면 클래스 1로 예측을 하고, $\theta^T x < 0$이면 클래스 0으로 예측을 한다. SVC SVC의 손실함수는 힌지(hinge) 손실함수(그림 3-50)와 L2 정칙화를 포함하여 다음과 같다.

$$J(\theta) = -C\sum_{i=1}^{m}\left[y^{(i)}\mathrm{cost}_1(\theta^T x^{(i)}) + (1-y^{(i)})\mathrm{cost}_o(\theta^T x^{(i)})\right] + \frac{1}{2}\sum_{j=1}^{n}\theta_j^2 \quad (3.37)$$

여기서 하이퍼패러미터 $C = 1/\alpha$ 관계는 로지스틱 회귀와 동일하고, C가 커지면 정칙화가 약해지고 작아지면 정칙화가 강해진다.

힌지 손실은 정답 레이블에서 $y = 1$과 $y = 0$에서 다른 함수가 된다. 그러나 두 경우는 $\theta^T x$의 절대값이 1 이상의 경우에는 오차는 0이 되고, $-1 < \theta^T x < 1$의 경우에는 오차가 발생하는 공통적인 특성을 갖고 있다. 이를 위해서 C가 커지면 힌지 손실의 오차를 피하기 위해서 $\theta^T x$의 절대값이 1 이상이 되도록 제약 조건이 발생한다.

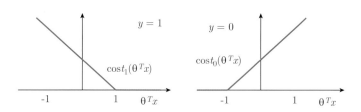

그림 3-51 힌지(hinge) 손실 함수

$y = 1$의 경우에는 $\theta^T x \geq 1$이면 $\mathrm{cost}_1(\theta^T x) = 0$이 되고, $\theta^T x < 1$이면 $\mathrm{cost}_1(\theta^T x) = 1 - \theta^T x$이 된다. $y = 0$의 경우에는 $\theta^T x \leq -1$이면 $\mathrm{cost}_0(\theta^T x) = 0$이 되고, $\theta^T x > -1$이면 $\mathrm{cost}_0(\theta^T x) = -1 + \theta^T x$이 된다.

(1) 하드 마진 분류 알고리즘

소프트벡터머신 분류에서 하드 마진 알고리즘은 잘못된 분류가 발생하지 않도록(오차를 허용하지 않도록) 하는 것을 의미한다. 손실 함수의 C가 매우 큰 경우로 힌지 손실이 정칙화에 비하여 커지게 된다. 힌지 손실이 큰 경우, 힌지 손실의 오차가 0이 되도록 $\theta^T x$의 영역에 제약이 발생하여 힌지 손실이 $\text{cost}_1(\theta^T x) = 0$과 $\text{cost}_0(\theta^T x) = 0$이 된다. 이 결과 손실함수는 $J(\theta) = \dfrac{1}{2}\sum_{j=1}^{n}\theta_j^2$ 가 된다. $y^{(i)} = 1$일 경우에는 $\theta^T x \geq 1$이 되고 $y^{(i)} = 0$일 경우에 $\theta^T x \leq -1$이 되는데, 제약조건 중에 오차가 발생하지 않도록 부등식의 끝이 마진의 식이 된다. 따라서 $y^{(i)} = 1$일 경우에는 $\theta^T x = 1$이 되고 $y^{(i)} = 0$일 경우에 $\theta^T x = -1$이 된다.

손실함수 $J(\theta)$의 최소값 계산은 조건 포함 최소화 문제가 되어 Lagrange 미정승수법칙(Lagrange Multifier=Lagrange relaxation) 문제가 되고, SVC의 예측 모델은 다음의 식이 된다.

$$h_\theta(x) = \sum_{i=1}^{m} a^{(i)} t^{(i)} \left((x^{(i)})^T x \right) + \theta_o \tag{3.38}$$

여기서 $a^{(i)}$는 각 훈련 데이터의 패러미터가 되고, 마진 바깥쪽의 훈련 데이터에 대해서 $a^{(i)} = 0$이 되고 마진 위 또는 안쪽은 $a^{(i)} > 0$이 된다. 또한 $y^{(i)} = 1$의 경우에 $t^{(i)} = 1$, $y^{(i)} = 0$의 경우에 $t^{(i)} = -1$로 정의를 한다.

다음에는 Scikit-learn의 데이터(와인)를 이용하여 하드 마진 분류를 실행한 예제를 나타내었다. 하드 마진 분류 알고리즘에서는 오류를 허용하지 않기 위해서 하이퍼패러미터 C = 10000.0을 적용하였고 그림 3-51과 같이 마진 내부에 오차로 들어가는 데이터가 없음을 알 수 있다.

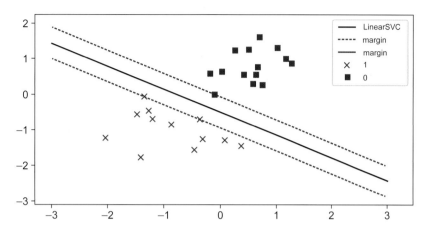

그림 3-52　서포트벡터 머신 분류의 하드 마진 예제 수행 결과

표 3-28　서포트벡터 머신 분류의 하드 마진 예제 코드

```python
import numpy as np
import pandas as pd
import matplotlib.pyplot as plt
from sklearn.svm import LinearSVC
from sklearn.preprocessing import StandardScaler


# 와인 데이터를 읽어들임
wine_df = pd.read_csv('https://archive.ics.uci.edu/ml/machine-
learning-databases/wine/wine.data', header=None)
wine_df.columns = ['Class label', 'Alcohol', 'Malic acid', 'Ash',
                   'Alcalinity of ash', 'Magnesium', 'Total phenols',
                   'Flavanoids', 'Nonflavanoid phenols',
                   'Proanthocyanins', 'Color intensity', 'Hue',
                   'OD280/OD315 of diluted wines', 'Proline']
df = wine_df[44 :71 ]


# 특징변수에 색(10열)과 프린양(13 열)을 선택
# 정답 레이블의 설정(레이블은 제로부터 시작하도록 마이너스1로 함)
X,y = df.iloc[:,[10 ,13 ]].values, df.iloc[:, 0 ].values-1
```

```
# 특징변수의 표준화
scaler = StandardScaler()
X_std = scaler.fit_transform(X)
# 하드 마진 모델을 작성
model = LinearSVC(loss='hinge', C=10000.0 , multi_class='ovr',
penalty='l2', random_state=0 )

# 모델의 훈련
model.fit(X_std, y)
w,b = model.coef_[0 ], model.intercept_[0 ] #파라미터 w, b
# 결정 경계용의 변수 X_bdry를 작성
X_bdry = np.linspace(-3 , 3 , 200 )[:, np.newaxis]
# 결정 경계의 작성
decision_bdry = -w[0 ]/w[1 ] * X_bdry - b/w[1 ]
# 결정 경계 위아래에 마진 작성
margin = 1 /w[1 ]
up, down = decision_bdry + margin, decision_bdry - margin
plt.figure(figsize=(8 ,4 )) # 그림 크기 지정

# 결정 경계, 마진을 그림
plt.plot(X_bdry, decision_bdry, linestyle = "-", color='black',
         label='LinearSVC')
plt.plot(X_bdry, up, linestyle = ":", color='red', label='margin')
plt.plot(X_bdry, down, linestyle = ":",color='blue', label='margin')

# 훈련 데이터의 산포도
plt.plot(X_std[:, 0 ][y==1 ], X_std[:, 1 ][y==1 ], 'rx', label='1')
plt.plot(X_std[:, 0 ][y==0 ], X_std[:, 1 ][y==0 ], 'bs', label='0')
plt.legend(loc='best')
plt.show()

# LinearSVC(소프트 마진) 모델 작성
model2 = LinearSVC(loss='hinge', C=1.0 , multi_class='ovr',
                   penalty='l2', random_state=0 )
# 모델의 훈련
model2.fit(X_std, y)
```

```
# 결정 경계의 작성
w,b = model2.coef_[0 ], model2.intercept_[0 ]
decision_bdry2 = -w[0 ]/w[1 ] * X_bdry - b/w[1 ]
# 결정 경계 상하에 마진 작성
margin2 = 1 /w[1 ]
up2, down2 = decision_bdry2 + margin2, decision_bdry2 - margin2
plt.figure(figsize=(8 ,4 )) # 그림 크기 지정

# 결정 경계, 마진을 그림
plt.plot(X_bdry, decision_bdry2, linestyle = "-", color='black',
         label='LinearSVC')
plt.plot(X_bdry, up2, linestyle = ":", color='red', label='margin')
plt.plot(X_bdry, down2, linestyle = ":",color='blue', label='margin')
# 훈련 데이터의 산포도
plt.plot(X_std[:, 0 ][y==1 ], X_std[:, 1 ][y==1 ], 'rx', label='1')
plt.plot(X_std[:, 0 ][y==0 ], X_std[:, 1 ][y==0 ], 'bs', label='0')
plt.legend(loc='best')
plt.show()
```

(2) 소프트 마진 분류 알고리즘

소프트 마진 분류 알고리즘에서는 오류를 허용하기 때문에 하이퍼패러미터 C =1.0을 적용하였고 그림 3-52과 같이 마진 내부에 오차로 들어가는 데이터가 있음을 알 수 있다.

소프트벡터 미진 알고리즘은 하이퍼패러미터의 지정이 가능하기 때문에 패러미터의 최적화가 가능하여 로지스틱 회귀와 비교하여 정확도가 높아지게 된다.

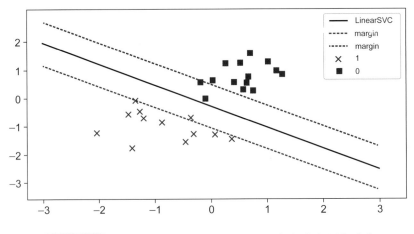

그림 3-53　서포트벡터 머신 분류의 소프트 마진 예제 수행 결과

3.4.7 가우스커널 서포트벡터 분류 (Gauss kernel support vector classification: GKSVC)

서포트벡터 머신의 선형 내적 계산 부분을 비선형 커널 함수인 가우스 함수로 바꾸면 그림 3-53과 같은 비선형 결정 경계를 갖는 데이터의 분류를 가능하게 할 수 있다.

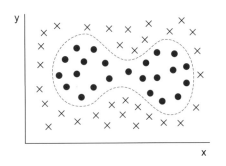

그림 3-54　비선형 결정 경계의 예

식 (3.33)에서 내적 $(x^{(i)})^T x$는 각 훈련 데이터의 특징변수 벡터의 선형커널이

다. 선형커널은 커널 함수의 하나로서 예측 모델 $h_\theta(x)$은 커널 함수 $K(x^{(i)}, x)$을 이용하여 다음의 식으로 일반화할 수 있다.

$$h_\theta(x) = \sum_{i=1}^{m} a^{(i)} t^{(i)} K(x^{(i)}, x) + \theta_o \tag{3.39}$$

가우스 커널(Gauss kernel)은 훈련 데이터의 주위를 중심으로 한 가우스 분포로 특징변수 x와 $x^{(i)}$의 유사도를 계산한다. 2개의 특징변수의 거리가 가까워지면 유사도가 높아져 1이 되고 멀어지면 0에 가깝게 된다. 또한, 정확도 패러미터 γ는 가우스 분포의 폭을 결정하고, γ가 작아지면 분포가 넓어져 학습 부족이 발생하고 γ가 커지면 과도학습이 발생하기 쉬워진다. 훈련 데이터 $x^{(i)}$가 결정 경계의 주변의 support vector이면 $a^{(i)} > 0$이 되고, 아닐 경우에는 $a^{(i)} = 0$이 되어, $h_\theta(x)$는 support vector만의 선형 합이 된다. 표 3-29에 대표적인 커널 함수를 나타내었고, 여기서 가우스 커널 함수를 방사 기저 함수 (RBF: Radial Bias Function)라고도 한다. 선택 가능한 Kernel 함수에는 여러 가지가 있지만, 가우스 커널을 많이 사용한다.

표 3-29 대표적인 kernel 함수

선형 kernel	$K(x^{(i)}, x) = ((x^{(i)})^T x)$
다항식 kernel	$K(x^{(i)}, x) = (\gamma (x^{(i)})^T x + r)^d$
가우스 kernel	$K(x^{(i)}, x) = \exp(-\gamma \| x - x^{(i)} \|^2)$
시그모이드 kernel	$K(x^{(i)}, x) = \tanh(\gamma (x^{(i)})^T x + r)$

커널 함수에 따른 결정 경계를 비교하면 그림 3-54와 같다. (a)는 선형 커널의

경우이고, (b)는 같은 훈련 데이터 개수의 경우에 대한 가우스 커널, 그리고 (c)
는 훈련 데이터의 개수가 (b)의 경우보다 증가하였을 경우에 가우스 커널의 결
정 경계이다.

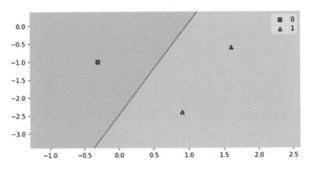

(a) 선형 커널 함수에 대한 결정 경계(훈련 데이터 3개)

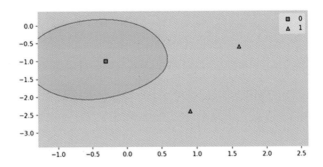

(b) 가우스 커널 함수에 대한 결정 경계(훈련 데이터 3개)

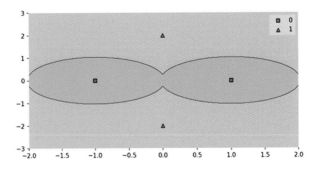

(c) 가우스 커널 함수에 대한 결정 경계(훈련 데이터 4개)

그림 3-55 커널 함수에 따른 결정 경계의 비교

Scikit-learn의 와인 데이터를 이용한 가우스 커널 서포트벡터 분류의 예제를 실행하여 보면 그림 3-55과 같고, (a)는 하이퍼패러미터 $\gamma = 2.5$인 훈련 데이터일 경우, (b)는 하이퍼패러미터 $\gamma = 2.5$인 테스트 데이터일 경우, (c)는 하이퍼패러미터 $\gamma = 1.5$인 테스트 데이터일 경우, 그리고 (d)는 하이퍼패러미터 $\gamma = 0.01$인 테스트 데이터일 경우의 분류 결과이다.

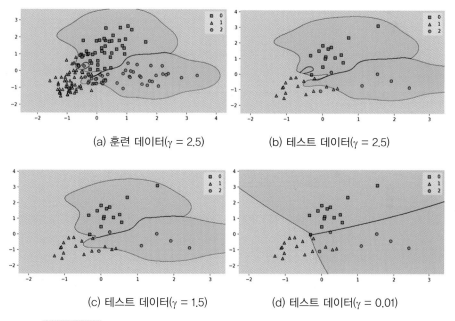

(a) 훈련 데이터($\gamma = 2.5$)   (b) 테스트 데이터($\gamma = 2.5$)

(c) 테스트 데이터($\gamma = 1.5$)   (d) 테스트 데이터($\gamma = 0.01$)

그림 3-56   가우스 커널 함수를 사용한 서포트벡터 분류 예제의 실행 결과

표 3-30 가우스 커널 함수를 사용한 서포트벡터 분류 예제의 실행 결과

```python
import matplotlib.pyplot as plt
import numpy as np
from sklearn.svm import SVC
from sklearn.preprocessing import StandardScaler
from sklearn.model_selection import train_test_split
from sklearn.metrics import accuracy_score
from mlxtend.plotting import plot_decision_regions
from sklearn import datasets

# 와인데이터의 다운로드
wine_data = datasets.load_wine()
# 특징량에 색(9열)와 플로린의 양(12열)을 선택 및 라벨 추출
X,y = wine_data.data[:,[9 ,12 ]], wine_data.target
# 특징량과 정해라벨을 훈련 데이터와 테스트 데이터로 분할
X_train, X_test, y_train, y_test = train_test_split(X, y, test_
size = 0.2 , random_state = 0 )
# 특징량의 표준화
scaler = StandardScaler()

# 훈련 데이터를 변환기로 표준화 및 테스트 데이터를 변환기로 표준화
X_train_std, X_test_std = scaler.fit_transform(X_train), scaler.
transform(X_test)
print ('X_train_std의 형상 : ', X_train_std, 'y_train의 형상 : ',
y_train.shape, 'X_test_std의 형상 : ', X_test_std.shape, 'y_test의
형상 : ',y_test.shape)
# SVC 모델의 작성

# model = SVC(kernel = 'rbf', gamma = 2.5, C = 100.0, decision_
function_shape = 'ovr', random_state = 0 )
model = SVC(kernel = 'rbf', gamma = 0.001 , C = 100.0 ,
decision_function_shape = 'ovr', random_s
tate = 0 )
```

```
# model = SVC(kernel = 'rbf', gamma = 0.01, C = 100.0, decision_
function_shape = 'ovr', random_
state = 0 )
# 모델의 훈련
model.fit(X_train_std, y_train)

# 정확도를 계산
y_test_pred = model.predict(X_test_std)
accuracy = accuracy_score(y_test, y_test_pred)
print ('정확도 = ', accuracy)

# 훈련 데이터의 그림
plt.figure(figsize = (8 ,4 ))
plot_decision_regions(X_train_std, y_train, model)
# 테스트 데이터 그림
plt.figure(figsize = (8 ,4 ))
plot_decision_regions(X_test_std, y_test, model)
plt.show()
```

커널 함수는 예측 모델의 특징변수(feature)을 나타내는 것으로 커널의 도입으로 위의 예제와 같이 결정 경계를 비선형의 형태로 변형하는 것이 가능하다. 사실 데이터의 특징 변수 벡터를 데이터 본래의 저차원 공간에서 더 큰 고차원으로 변환하면 그 고차원 공간에서는 데이터를 선형으로 분리할 수도 있다. 그러나 원래의 저차원 공간으로 역사상된 결과에서는 비선형 경계면으로 분류된 것처럼 보이게 된다. 코스트 함수를 선형적으로 최적화하기 위해 어떤 함수를 사용해서 고차원 공간으로 변환하는 것이 kernel trick이고, 그림 3-56과 같은 예제에서 보는 바와 같이 2차원에서는 선형으로 분리되지 않지만 비선형으로는 분리 가능한 데이터를 3차원으로 변환하면 선형으로 분리 가능하게 된다. 커널 트릭 예제의 파이썬 코드는 표 3-31과 같다.

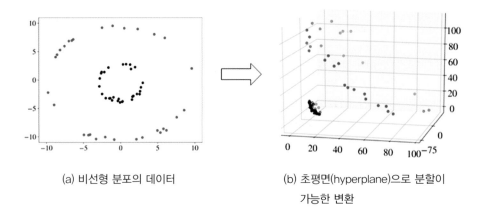

(a) 비선형 분포의 데이터   (b) 초평면(hyperplane)으로 분할이
                                              가능한 변환

그림 3-57   커널 트릭을 이용한 비선형 결정 경계를 갖는 데이터의 변환

표 3-31 커널 트릭 예제의 파이썬 코드

```python
import random
import numpy as np
import matplotlib.pyplot as plt
from sklearn.linear_model import Ridge
from sklearn.preprocessing import PolynomialFeatures
from sklearn.pipeline import make_pipeline
from mpl_toolkits.mplot3d import Axes3D
import matplotlib


def f_out (x1):
    result = []
    for x in x1:
        side = random.uniform(0 , 1 )
        tmp = np.sqrt(10 **2 - x**2 )
        if side >0.5 :
            tmp = -tmp
        result.append(tmp)
    return np.asarray(result)


def f_in (x1):
```

```
    result = []
    for x in x1:
        side = random.uniform(0 , 1 )
        tmp = np.sqrt(3 **2 - x**2 )
        if side >0.5 :
            tmp = -tmp
        result.append(tmp)
    return np.asarray(result)

# 데이터 생성
x_in, x_out = np.linspace(-3 , 3 , 100 ), np.linspace(-10 , 10 , 100 )
randomstate = np.random.RandomState(0 )
randomstate.shuffle(x_in)
randomstate.shuffle(x_out)
x_in, x_out = np.sort(x_in[:30 ]), np.sort(x_out[:30 ])
y_in = f_in(x_in) + np.random.random(len (x_in)) - 1 # 노이즈 추가
y_out = f_out(x_out) + np.random.random(len (x_out)) - 1 # 노이즈 추가

plt.figure(1 )
plt.plot(x_in, y_in, 'bo')
plt.plot(x_out, y_out, 'ro')
plt.xlim([-11 ,11 ])
plt.ylim([-11 ,11 ])

x_in_transformed = np.asarray([x * x for x in x_in])
y_in_transformed = np.asarray([np.sqrt(2 ) * x * y for x, y in
                    zip (x_in, y_in)])
z_inner_transformed = np.asarray([y * y for y in y_in])
x_out_transformed = np.asarray([x * x for x in x_out])
y_out_transformed = np.asarray([np.sqrt(2 ) * x * y for x, y in
                    zip (x_out, y_out)])
z_outer_transformed = np.asarray([y * y for y in y_out])

fig = plt.figure(2 )
ax = Axes3D(fig)
ax.set_yticks([-75 , 0 , 75 ])
```

```
ax.plot(x_in_transformed, y_in_transformed, z_inner_transformed, 'bo')
ax.plot(x_out_transformed, y_out_transformed, z_outer_
transformed, 'ro')
ax.view_init(14 , -77 )

plt.show()
```

3.5.1 비지도 학습

비지도 학습(Unsupervised learning)은 레이블이 없는 훈련 데이터로 학습하는 방법을 의미한다. 레이블 데이터가 필요하지 않기 때문에 학습 데이터를 모으기 쉽다는 장점이 있다. 예를 들면, 화상 이미지 훈련 데이터들을 학습한 후에 새로운 화상 이미지에서 고양이를 찾아내는 것이 비지도 학습의 한 예이다. 어린 아이가 고양이 사진들을 보고 고양이라는 이름은 몰라도 '이렇게 생긴 것이 고양이다'라고 자연적으로 익히게 되는 것과 마찬가지라고 할 수 있다. 비지도 학습에 의한 클러스터링(무리, 군집화)의 예는 그림 3-57과 같다.

비지도 학습은, 알고리즘(프로그램)에 입력된 데이터로부터 그 데이터의 속성(feature, 특징변수) 및 구조를 찾아내는 학습 방법이다. 예를 들어 비지도 학습의 대표적인 클러스터링 알고리즘에서는 정답을 모르는(레이블이 없는) 데이터에 대하여 어떤 규칙이 있는지를 이해하기 쉬운 형태로 만드는 것이 목적이고, 그룹화된 데이터 집단에 대한 해석은 분석자(사람)에게 맡기게 된다. 지도 학습에 비하여 데이터에 대한 이해가 더 필요하고 목적인 업무 자체에 대한 이해도가 더 필요한 것이 비지도 학습이다.

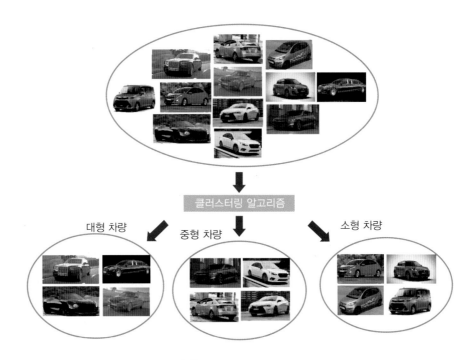

그림 3-58　비지도 학습의 예

비지도 학습 알고리즘은 입력된 특징 벡터를 다른 형식의 벡터나 값으로 변환하여 실용적인 문제를 해결할 수 있는 모델을 만드는 것을 목표로 한다. 예를 들어 클러스터링 알고리즘은 데이터 세트의 각 특징 벡터에 대하여 클러스터의 번호를 부여하고, 차원축소 알고리즘은 입력된 특징 벡터의 크기를 줄여서 보다 작은 벡터로 변환하여 출력한다.

3.1장에서 지도학습과 비지도 학습에 사용되는 주요 알고리즘의 종류에 대하여 비교를 하였고, 지도 학습과 비지도 학습을 비교를 하면 그림 3-58와 같다.

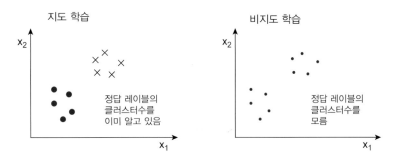

그림 3-59   지도학습과 비지도학습의 비교

3.6 클러스터링 알고리즘

3.6.1 클러스터링 목적 및 원리

클러스터링(clustering)은 비지도학습의 알고리즘으로 정답 레이블을 모르는 데이터에 대하여 데이터들 간의 유사성에 근거하여 숨겨진 관계성 또는 구조를 찾아내는 알고리즘이다. 이를 이용하여 정답 레이블이 없어도 유사 데이터를 구룹핑하는 것이 가능하게 된다. 클러스터링 알고리즘은 마케팅에 활용하기 위해서 소비자들의 유사한 구매 성향들을 분석하거나 SNS에서 사용자간 관련성을 분석하는 등의 사회적 분야의 분석 작업에 잘 활용될 수 있다.

클러스터링은 클래스 개수를 사전에 미리 알지 못 하기 때문에 클래수 개수를 지정해 줄 필요가 있다. 그러나 알고리즘에 따라 표 3-32와 같이 클래스 개수를 자동으로 판단(VBGMM)하는 경우도 있다.

표 3-32 클러스터링 알고리즘의 비교

예측 모델	클래스 개수의 지정	클러스터링의 계산
K-means	분석자	중심
GMM (Gaussian Mixure Model)	분석자	혼합 가우스 분포
VBGMM (Variational Bayesian Gaussian Mixure Model)	자동제안	혼합 가우스 분포

지도학습의 분류와 비지도학습인 클러스터링을 비교하면 표 3-33과 같다.

표 3-33 분류와 클러스터링의 비교

	학습 방법	클래스 변수	장점
Classification	지도 학습	있음	• 클래스에 따라 분류를 수행
Clustering	비지도 학습	없음 (클러스터 개수 만을 지정)	• 학습 데이터가 필요하지 않기 때문에 데이터 전처리가 없음 • 예상 외의 결과를 얻을 수 있음

3.6.2 K-means 클러스터링

K-means 클러스터링 알고리즘은 1950년부터 연구 되었고, 데이터를 K개의 데이터 그룹들로 나누는 것이 목적인데, 각 그룹에는 유사한 데이터들로 구성되어 있어야 한다. 원래의 데이터로부터 그룹 구조를 찾아내어 각 그룹별로 정리하고, 구한 각 그룹의 클래스가 어떤 것인지에 대한 해석은 사람이 하게 된다. K-means는 유사한 데이터들을 같은 그룹에 묶기 위해서 그룹들의 중심을 임의로 초기화한다. 이후에 각 그룹의 중심에 가까운 것들로 그룹을 구성한다. 그러면 각 그룹의 중심이 변경되므로 그 중심을 재계산한다. 그룹의 중심이 바뀌면 그룹에 속하는 데이터도 변경될 수 있으므로 각 그룹을 재구성한다. 이 과정을 그룹내의 데이터가 더 이상 변경되지 않을 때까지 반복한다.

표 3-34에 k-means 방법에 의한 클러스터링 알고리즘의 순서를 나타내었다. K-means는 그룹 중심점의 초기값(②의 분할)에 의하여 전혀 다른 결과가 나올 수 있기 때문에 완전히 임의로 하기 보다는 어느 정도 목적을 두고 초기값을 설정하거나 초기값을 몇 번 바꿔서 분석을 하는 등 처리를 하기도 한다. 또한 이 예와 같은 2차원 이외의 고차원으로 확장을 하는 것도 가능하다.

표 3-34 K-means에 의한 클러스터링 알고리즘의 순서

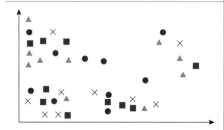	① 초기상태 클러스터링은 클래스 변수를 지정하지 않고 단순히 분류수만을 지정하기 때문에 예상 외의 결과를 얻을 수도 있음. 예를 들어 분류수(클러스터수)를 k=4로 지정
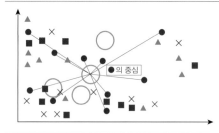	② 임의로 4개로 분류 임의로(random) 중심점을 지정하고 데이터를 중심에 가까운 그룹(4개(●,▲,■,×))으로 할당하는 것을 반복해 나감
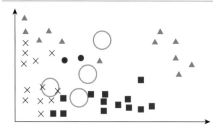	③ 중심을 구함 4개의 클래스(●,▲,■,×)별로 중심을 구함. 중심은 각 데이터의 좌표의 평균값으로 이로 인해서 k-means라고 함. 예를 들어 ● 의 중심을 구한 경우
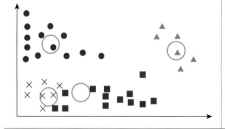	④ 제일 가까운 중심의 색을 바꿈 각 데이터를 제일 가까운 중심의 모양(기호)으로 바꿈. 점차 클러스터 형태로 바뀜
	⑤ 중심이 고정될 때까지 ③과 ④를 반복 ③으로 돌아가서 중심을 다시 계산함. 그리고 ③과 ④을 반복하여 중심이 고정될 때까지 반복. 이후에 각 그룹에 클러스터 번호를 부여(예를 들어 4개중의 하나)

K-means 클러스터링의 계산 단계는 다음과 같다.

  (1) n차원 특징 공간의 m개의 데이터 가운데 K개의 중심 $\mu^{(k)}$를 임의
      (random)로 배치

  (2) m개의 데이터 $x^{(i)}$를 K개의 중심 중에 제일 가까운 중심 $\mu^{(k)}$에 할당

  (3) 클래스마다 m개의 데이터 $x^{(i)}$의 평균 좌표를 계산하여 새로운 중심
      $\mu^{(k)}$를 계산

  (4) (2)와 (3)을 서로 반복하여 중심점이 변하지 않거나 데이터의 그룹 간
      이동이 없을 때까지 수행

단계 (2)에서는 $\mu^{(k)}$를 고정한 채로 $w^{(i,k)}$에 대하여 다음과 같은 J를 최소화한다.

$$J = \sum_{i=1}^{m} \sum_{k=1}^{K} w^{(i,k)} \parallel x^{(i)} - \mu^{(k)} \parallel^2 \tag{3.40}$$

여기서 $\parallel x - \mu \parallel^2 = \sum_{j=1}^{n} (x_j - \mu)^2$

$w^{(i,k)}$는 0 또는 1의 2진 변수로, 데이터 $x^{(i)}$가 클래스 k에 속하는 경우에는 1로, 속하지 않는 경우에는 0이 된다. $\parallel x^{(i)} - \mu^{(k)} \parallel^2$가 최소가 되는 k이면 $w^{(i,k)} = 1$, 그 이외에는 $w^{(i,k)} = 0$이 된다. 즉, $w^{(i,k)}$는 데이터의 인덱스 $i = (1, 2, \cdots, m)$와 클래스의 인덱스 $k = (1, 2, \cdots, m)$를 매칭한 결과, 1개의 데이터는 1개의 클래스에 속한다.

단계(3)은 $w^{(i,k)}$을 고정한 채로 $\mu^{(k)}$에 대하여 J를 최소화한다. J는 $\mu^{(k)}$의 2차 함수가 되고, J를 $\mu^{(k)}$로 편미분하여 최소가 되는 $\mu^{(k)}$를 계산한다.

$$\frac{\partial}{\partial \mu^{(k)}} = 2 \sum_{i=1}^{m} w^{(i,k)} (x^{(i)} - \mu^{(k)}) = 0 \tag{3.41}$$

이로부터 $\mu^{(k)} = \sum_{i=1}^{m} w^{(i,k)} x^{(i)} / \sum_{i=1}^{m} w^{(i,k)}$ 이 되고 클러스터 k에 속하는 데이터

의($w^{(i,k)} = 1$) 중심이 된다.

다음 그림 3-59에는 클러스터수가 각각 2, 3, 4인 경우에 와인 데이터를 이용한

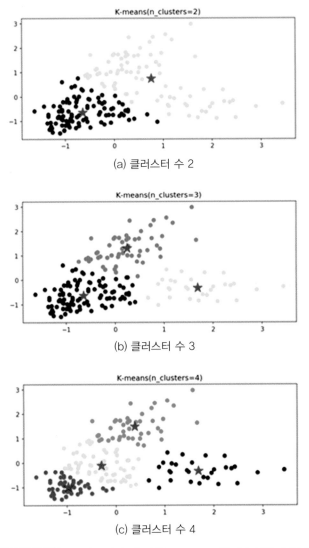

(a) 클러스터 수 2

(b) 클러스터 수 3

(c) 클러스터 수 4

그림 3-60   클러스터 수에 따른 k-means 클러스터링 수행 예

k-means 클러스터링을 수행한 결과를 나타내었다. 클러스터 개수에 따라 각 클러스터의 중심(★)이 표시가 되었다.

표 3-35에서 k-means 클러스터링 예제 코드를 나타내었다. 라이브러리를 import하고, 와인 데이터를 다운로드, 그리고 특징을 표준화(정규화)하였다. 2차원의 특징 벡터들로 클러스터링을 하기 위해서 13개의 특징 변수들로부터 2개의 특징 변수(여기서는 색과 플로린)를 선택하여 13차원의 특징 벡터를 2차원의 특징 벡터로 축소하였다.

표 3-35 클러스터 수에 따른 k-means 클러스터링 코드의 예

```python
import numpy as np
import matplotlib.pyplot as plt
from sklearn.cluster import KMeans
from sklearn.preprocessing import StandardScaler
from sklearn import datasets

# 와인 데이터의 다운로드
wine_data = datasets.load_wine()
X = wine_data.data[:,[9 ,12 ]]
y = wine_data.target

# 특징변수의 표준화
scaler = StandardScaler()

X_std = scaler.fit_transform(X)
# K-Means 모델의 작성
kmeans_model2 = KMeans(n_clusters=2 , random_state=1 )
kmeans_model3 = KMeans(n_clusters=3 , random_state=1 )
kmeans_model4 = KMeans(n_clusters=4 , random_state=1 )

# 모델의 훈련
kmeans_model2.fit(X_std)
```

```
kmeans_model3.fit(X_std)
kmeans_model4.fit(X_std)
model2_center_x, model2_center_y = kmeans_model2.cluster_centers_
[:,0 ], kmeans_model2.cluster_c
enters_[:,0 ]
model3_center_x, model3_center_y = kmeans_model3.cluster_centers_
[:,0 ], kmeans_model3.cluster_c
enters_[:,0 ]
model4_center_x, model4_center_y = kmeans_model4.cluster_centers_
[:,0 ], kmeans_model4.cluster_c
enters_[:,0 ]
plt.figure(figsize=(8 ,12 )) #그림 크기의 지정

# 클러스터 수 2 K-means의 산포도
plt.subplot(3 , 1 , 1 )
plt.scatter(X_std[:,0 ], X_std[:,1 ], c=kmeans_model2.labels_)
plt.scatter(model2_center_x, model2_center_y,s=250 , marker='*',
c='red')
plt.title('K-means(n_clusters=2)')

# 클러스터 수 3 K-means의 산포도
plt.subplot(3 , 1 , 2 )
plt.scatter(X_std[:,0 ], X_std[:,1 ], c=kmeans_model3.labels_)
plt.scatter(model3_center_x, model3_center_y,s=250 , marker='*',
c='red')
plt.title('K-means(n_clusters=3)')

# 클러스터 수 4 K-means의 산포도
plt.subplot(3 , 1 , 3 )
plt.scatter(X_std[:,0 ], X_std[:,1 ], c=kmeans_model4.labels_)
plt.scatter(model4_center_x, model4_center_y,s=250 , marker='*',
c='red')
plt.title('K-means(n_clusters=4)')
plt.show()
```

와인 데이터의 클러스터 개수는 모른다는 것을 전제로 클러스터 개수를 하이퍼파라미터(n_clusters)로 각각 2,3,4로 지정하였다.

클러스터 개수가 3인 경우에, 데이터 세트의 정답 레이블과 K-means의 결과를 그림 3-60에 비교하였고, 두 결과가 근사한 것을 알 수 있다.

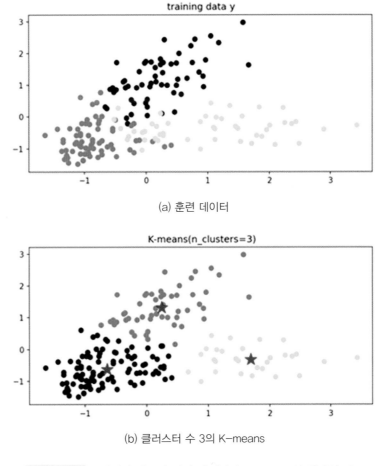

(a) 훈련 데이터

(b) 클러스터 수 3의 K-means

그림 3-61 데이터 세트의 정답 레이블과 K-means의 결과의 비교

표 3-36 데이터 세트의 정답 레이블과 K-means 표시 예제 코드

```python
import numpy as np
import matplotlib.pyplot as plt
from sklearn.cluster import KMeans
from sklearn.preprocessing import StandardScaler
from sklearn import datasets
# 와인 데이터의 다운로드
wine_data = datasets.load_wine()
X = wine_data.data[:,[9 ,12 ]]
y = wine_data.target
# 특징변수의 표준화
scaler = StandardScaler()
X_std = scaler.fit_transform(X)
# K-Means 모델의 작성
kmeans_model3 = KMeans(n_clusters=3 , random_state=1 )
# 모델의 훈련
kmeans_model3.fit(X_std)
model3_center_x, model3_center_y = kmeans_model3.cluster_
centers_[:,0 ], kmeans_model3.cluster_c
enters_[:,0 ]
plt.figure(figsize=(8 ,8 )) #그림 크기의 지정
# 색과 플로린의 산포도
plt.subplot(2 , 1 , 1 )
plt.scatter(X_std[:,0 ], X_std[:,1 ], c=y)
plt.title('training data y')
# K-Means의 산포도
plt.subplot(2 , 1 , 2 )
plt.scatter(X_std[:,0 ], X_std[:,1 ], c=kmeans_model3.labels_)
plt.scatter(model3_center_x, model3_center_y,s=250 ,
marker='*',c='red')
plt.title('K-means(n_clusters=3)')
plt.show()
```

3.6.3 혼합가우스분포 클러스터링

K-means는 데이터의 중심을 계산해서 클러스터링을 하는 알고리즘으로 특징 값의 분산이 편중되어 있으면 클러스터링이 어려워진다. 이러한 경우에 혼합 가우스 분포(Gaussian mixture model: GMM) 알고리즘을 사용하고, 이 알고리즘은 가우스 분포를 사용하여 데이터를 클러스터링하는 것이다.

평균 μ를 갖는 데이터를 표시하면 그림 3-61과 같고, (a)는 데이터의 빈도 (frequency)로 나타낸 것이고 (b)는 데이터를 나열한 것이다.

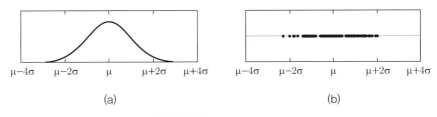

(a)   (b)

그림 3-62   1차원 가우스 분포

1차원가우스분포 또는 정규분포(Normal distribution)라고도 하는 확률 분포는 다음 식과 같다.

$$P_{\mu,\sigma^2}(x) = N(\mu, \sigma^2) = \frac{1}{\sqrt{2\pi}\,\sigma} exp\left(-\frac{(x-\mu)^2}{2\sigma^2}\right) \tag{3.42}$$

여기서 μ는 데이터의 중심인 평균을 나타내고, σ^2는 데이터가 얼마나 퍼져 있는가를 나타내는 분산이다. 2차원의 경우에는 다음 식과 같이 나타낼 수 있다.

$$N(\mu_1, \mu_2, \sigma_1^2, \sigma_2^2) = \frac{1}{2\pi\sigma_1\sigma_2\sqrt{1-r^2}} exp\left[-\frac{1}{2(1-r^2)}\left(\frac{(x_1-\mu_1)^2}{\sigma_1^2} - \frac{2rx_1x_2}{\sigma_1\sigma_2} + \frac{(x_2-\mu_2)^2}{\sigma_2^2}\right)\right] \tag{3.43}$$

여기서 $r = 0$이 되면 $N(\mu_1, \sigma_1^2)$가 되어 독립적이 되어 데이터 x_1과 x_2는 서로 상관 관계가 없게 된다. $r > 0$이면 데이터 x_1과 x_2는 서로 상관 관계가 있게 된다. 즉 데이터 x_1으로부터 데이터 x_2의 특징을 알 수 있게 된다. 1 차원 가우스 분포와 2 차원 가우스 분포는 그림 3-62과 같다.

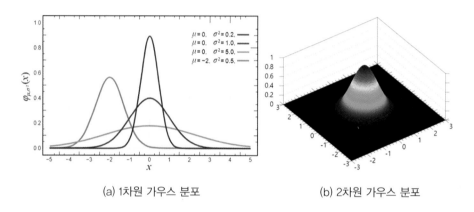

(a) 1차원 가우스 분포　　　　　　(b) 2차원 가우스 분포

그림 3-63 　1차원과 2차원 가우스 분포(출처 : wikipedia.org)

공분산 행렬(Covariance matrix) Σ를 이용하여 2 차원 가우스 분포를 정리하면 식(3.44)과 같이 된다.

$$\sum = \begin{vmatrix} \sigma_1^2 & r\sigma_1\sigma_2 \\ r\sigma_1\sigma_2 & \sigma_2^2 \end{vmatrix}$$

또는 $$\sum = \begin{vmatrix} VAR(X_1) & COV(X_1, X_2) \\ COV(X_2, X_1) & VAR(X_2) \end{vmatrix} \tag{3.44}$$

$$N(\mu, \sum) = \frac{1}{2\pi^{n/2} \left| \sum \right|^{1/2}} exp \left[-\frac{1}{2}(x - \mu)^T \sum{}^{-1}(x - \mu) \right]$$

여기서 n은 가우스 분포의 차원을 나타내고, $\mu = \dfrac{1}{m}\displaystyle\sum_{i=1}^{m} x^{(i)}$ 및

$$\Sigma = \frac{1}{m}\sum_{i=1}^{m}(x^{(i)} - \mu)(x^{(i)} - \mu)^{T}$$ 이다.

분산 행렬의 특성에 따른 2차원 가우스 분포의 예를 나타내면 그림 3-63과 같다.

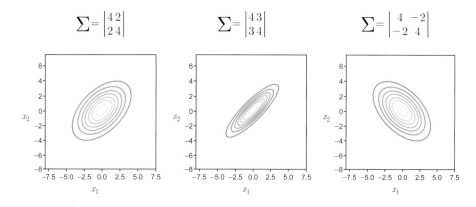

그림 3-64　　공분산 행렬에 따른 2 차원 가우스 분포의 예

2차원 가우스 분포는 평균 μ와 공분산 행렬 Σ를 패러미터로 특징 공간의 분포를 타원으로 표현할 수 있도록 학습할 수 있다.

그림 3-64의 (a)와 같은 형태의 데이터에서 가우스 분포 1개로 학습하면 정확히 데이터의 특성을 나타낼 수 없게 된다. 즉, 가운데 부분이 데이터가 적음에도 불구하고 많은 것으로 예측을 하였다. 따라서 (b)와 같이 2개의 가우스 분포로 학습하면 데이터의 특성을 정확히 나타내는 것이 가능하게 된다.

이와 같이 복수의 가우스 분포의 선형 결합으로 분포를 나타내는 것을 혼합가우스 분포(Gaussian mixture model: GMM)라고 한다. 여러 개의 가우스 분포

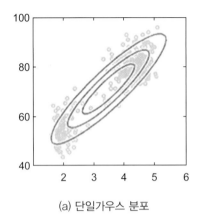 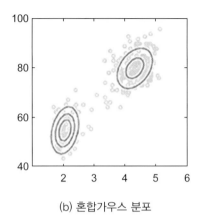

(a) 단일가우스 분포　　　　　　　(b) 혼합가우스 분포

그림 3-65　혼합가우스 분포의 예

를 선형 결합하여 혼합 가우스 분포를 만들기 위해서 다음 식과 같이 할 경우에 클러스터 개수 K는 하이퍼패러미터가 되고, 각 클러스터별로 평균 $\mu^{(k)}$과 공분산 행렬 $\sum^{(k)}$을 갖는다.

$$p(x, \mu, \sum) = \sum_{k=1}^{K} \pi^{(k)} p(x, \mu^{(k)}, \sum^{(k)}) \tag{3.45}$$

혼합가우스분포 클러스터링의 계산 단계는 다음과 같다.

(1) 클래스 수 K개의 가우스 분포로 구성된 혼합 가우스 분포의 패러미터 (혼합계수 $\pi^{(k)}$, $\mu^{(k)}$, 공분산 $\sum^{(k)}$)을 초기화

(2) 패러미터를 고정한 채로 클래스별로 다음 식과 같은 부담율($\gamma^{(k)}$)을 계산

$$\gamma^{(k)}(x^{(i)}) = \frac{\pi^{(k)} p(x^{(i)}, \mu^{(k)}, \sum^{(k)})}{\sum_{k=1}^{K} \pi^{(k)} p(x^{(i)}, \mu^{(k)}, \sum^{(k)})} \tag{3.46}$$

(3) 부담률 $\gamma^{(k)}$을 고정한 채로 사용하여 새로운 혼합가우스 분포의 패러미터를 재계산

$$\mu^{(k)} = \frac{1}{m^{(k)}}\sum_{i=1}^{m}\gamma^{(k)}(x^{(i)})x^{(i)}$$

$$\sum{}^{(k)} = \frac{1}{m^{(k)}}\sum_{i=1}^{m}\gamma^{(k)}(x^{(i)})(x^{(i)}-\mu^{(k)})(x^{(i)}-\mu^{(k)})^{T}$$

$$\pi^{(k)} = \frac{m^{(k)}}{m}$$

$$m^{(k)} = \sum_{i=1}^{m}\gamma^{(k)}(x^{(i)})$$

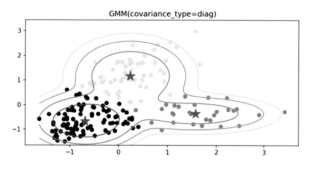

(a) 대각(diagonal) 공분산 행렬

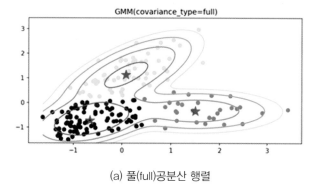

(a) 풀(full)공분산 행렬

그림 3-66 공분산 행렬의 형태에 따른 혼합가우스 분포 클러스터링 예제 실행 결과

(4) 단계 (2)와 단계 (3)을 상호 반복하여 클러스터가 변하지 않을 때까지 수행한다.

다음 그림 3-65에는 혼합가우스 분포를 이용한 클러스터링 예제의 수행 결과를 나타내었고, 예제 코드는 표 3-37과 같다.

표 3-37 혼합가우스 분포를 이용한 클러스터링 예제 코드

```python
import matplotlib.pyplot as plt
import numpy as np
from sklearn.mixture import GaussianMixture
from sklearn.preprocessing import StandardScaler
from sklearn import datasets

# 와인 데이터의 다운로드
wine_data = datasets.load_wine()
X = wine_data.data[:,[9 ,12 ]]
y = wine_data.target

# 특징량의 표준화
scaler = StandardScaler()
X_std = scaler.fit_transform(X)
# covariance_type에 'diag'를 지정하여 GMM 모델을 작성
model_GMM_diag = GaussianMixture(n_components=3 , covariance_
type='diag', random_state=1 )

#모델의 훈련
model_GMM_diag.fit(X_std)
# covariance_type에 'full'을 지정하여 GMM 모델 작성
model_GMM_full = GaussianMixture(n_components=3 , covariance_
type='full', random_state=1 )
#모델의 훈련
model_GMM_full.fit(X_std)
# Plot을 위한 x y 그리드 생성
```

```
x = np.linspace(X_std[:,0 ].min(), X_std[:,0 ].max(), 100 )
y = np.linspace(X_std[:,0 ].min(), X_std[:,0 ].max(), 100 )
X, Y = np.meshgrid(x, y)
XX = np.array([X.ravel(), Y.ravel()]).T
plt.figure(figsize=(8 ,8 )) #그림 크기의 지정
# 색과 플로린의 산포도의 GMM(diag)에 의한 클러스터링
plt.subplot(2 , 1 , 1 )
Z = -model_GMM_diag.score_samples(XX)
Z = Z.reshape(X.shape)
plt.contour(X, Y, Z, levels=[0.5 , 1 , 2 ,3 ,4 , 5 ]) # 등고선 그림
plt.scatter(X_std[:,0 ], X_std[:,1 ], c=model_GMM_diag.predict(X_std))
plt.scatter(model_GMM_diag.means_[:,0 ], model_GMM_diag.means_
[:,1 ],s=250 , marker='*',c='red')
plt.title('GMM(covariance_type=diag)')
# 색과 플로린의 산포도의 GMM(full)에 의한 클러스터링
plt.subplot(2 , 1 , 2 )
Z = -model_GMM_full.score_samples(XX)
Z = Z.reshape(X.shape)
plt.contour(X, Y, Z, levels=[0.5 , 1 , 2 ,3 ,4 , 5 ]) # 등고선 그림
plt.scatter(X_std[:,0 ], X_std[:,1 ], c=model_GMM_full.predict(X_std))
plt.scatter(model_GMM_full.means_[:,0 ], model_GMM_full.means_
[:,1 ],s=250 , marker='*',c='red')
plt.title('GMM(covariance_type=full)')

plt.show()
```

필요한 라이브러리의 import, 와인 데이터의 다운로드 그리고 데이터의 표준
화를 실행하였다. 혼합요소의 개수를 지정(n_components), 공분산 형식(diag
및 full)의 지정(covariance_type) 등의 혼합가우스 분포패러미터를 지정하고
학습을 수행하였다.

3.6.4 변분혼합가우스분포 클러스터링

이상에서는 클러스터 개수를 지정한 하이퍼패러미터 알고리즘을 살펴보았으나, 실제 문제에서는 정답 레이블의 개수를 모르는 경우가 대부분이다. 이 경우에 변분혼합가우스 분포(Variational bayesian gaussian mixture model (VBGMM)) 클러스터링 알고리즘을 사용한다. VBGMM에는 하이퍼패러미터로, 혼합 요소의 수를 지정하는 n_components, 공분산 행렬의 형식을 지정하는 covariance_type 그리고 난수를 고정할 경우에 사용하는 random_ state를 사용한다. Random_state를 변경하면 다른 클러스터링 결과를 얻을 수 있다.

그림 3-66에는 와인 데이터를 이용한 VBGMM 예제의 실행 결과를 나타내었고, 표 3-38에는 예제 코드를 나타내었다. VBGMM을 이용하여 클러스터 개수가 자동으로 3으로 제안된 것을 알 수 있다.

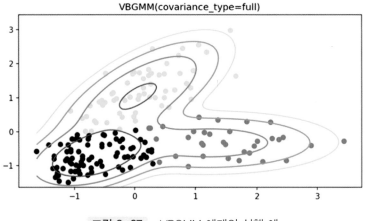

그림 3-67   VBGMM 예제의 실행 예

표 3-38 VBGMM 예제코드

```python
import matplotlib.pyplot as plt
import numpy as np
from sklearn.mixture import BayesianGaussianMixture
from sklearn.preprocessing import StandardScaler
from sklearn import datasets
# 와인 데이터의 다운로드
wine_data = datasets.load_wine()
X = wine_data.data[:,[9 ,12 ]]
y = wine_data.target
# 특징량의 표준화
scaler = StandardScaler()
X_std = scaler.fit_transform(X)
# VBGMM 모델의 작성
model_VBGMM = BayesianGaussianMixture(n_components=10 ,
covariance_type='full', random_state=1 )
#모델의 훈련
model_VBGMM.fit(X_std)
# Plot을 위한 x y 그리드 생성
x = np.linspace(X_std[:,0 ].min(), X_std[:,0 ].max(), 100 )
y = np.linspace(X_std[:,0 ].min(), X_std[:,0 ].max(), 100 )
X, Y = np.meshgrid(x, y)
XX = np.array([X.ravel(), Y.ravel()]).T
plt.figure(figsize=(8 ,4 )) #그림 크기의 지정
# 색과 플로린의 산포도의 GMM(diag)에 의한 클러스터링
Z = -model_VBGMM.score_samples(XX)
Z = Z.reshape(X.shape)
plt.contour(X, Y, Z, levels=[0.5 , 1 , 2 ,3 ,4 , 5 ]) # 등고선 그림
plt.scatter(X_std[:,0 ], X_std[:,1 ], c=model_VBGMM.predict(X_std))
plt.title('VBGMM(covariance_type=full)')
plt.show()
```

그림 3-67에는 VBGMM 알고리즘에서 혼합 요소별로 혼합 계수를 가시화한 결과를 나타내었다. 가로축은 혼합 요소의 인덱스를 나타냈고, 세로축은 혼합

계수를 나타냈다. 인덱스 1, 2, 3의 혼합 계수가 크고, 혼합 가우스 분포는 인덱스 1, 2, 3의 가우스 분포의 선형 합이 된다. VBGMM의 예측 모델에 입력한 결과, 클러스터 수 $K = 3$을 자동으로 제안을 하였다.

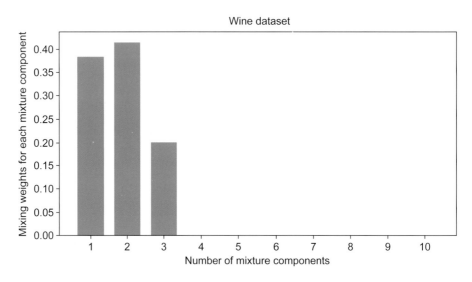

그림 3-68 VBGMM 알고리즘에서 혼합계수의 가시화 결과

표 3-39 VBGMM의 혼합계수 가시화 예제 코드

```python
import matplotlib.pyplot as plt
import numpy as np
from sklearn.mixture import GaussianMixture
from sklearn.mixture import BayesianGaussianMixture
from sklearn.preprocessing import StandardScaler
from sklearn import datasets
# 와인 데이터의 다운로드
wine_data = datasets.load_wine()
X = wine_data.data[:,[9 ,12 ]]
y = wine_data.target
```

```
# 특징량의 표준화
scaler = StandardScaler()
X_std = scaler.fit_transform(X)
# VBGMM 모델의 작성
model_VBGMM = BayesianGaussianMixture(n_components=10 ,
covariance_type='full', random_state=18 )
# 모델의 훈련
model_VBGMM.fit(X_std)
# 혼합계수의 가시화
x =np.arange(1 , model_VBGMM.n_components+1 )
plt.figure(figsize=(8 ,4 )) # 그림 크기의 지정
plt.bar(x, model_VBGMM.weights_, width=0.7 , tick_label=x)
plt.ylabel('Mixing weights for each mixture component')
plt.xlabel('Number of mixture components')
plt.title('Wine dataset')
plt.show()
```

3.7 차원축소 알고리즘

머신러닝에서 분석을 대상으로 하는, 즉 규칙을 찾고자 하는 데이터의 특징 변수(또는 속성 변수)의 종류가 '차원'이다. 데이터가 많으면 데이터 간의 상관 관계의 조합이 기하급수적으로 증가하게 되어 학습의 난이도도 증가하고 계산 속도 및 용량에도 문제가 생길 수 있다. 또한 과도학습(overfitting 또는 overoptimization)이 발생할 수도 있다. 이러한 이유로 중요하지 않은 '차원'을 제거하거나 전체 차원들을 다른 형태의 축소된 차원들로 변환할 필요성이 생기게 된다. 따라서 차원 축소 알고리즘은 머신 러닝의 목적을 달성하기 위한 최소한의 차원으로 데이터를 축소하는 것이다.

주성분 분석(Principal component analysis) 또는 주차원 분석(Principal dimensional analysis)이라고도 하는 차원축소 알고리즘은, 데이터를 이용하여 학습 자체를 하는 알고리즘은 아니다. 데이터의 시각화, 데이터의 압축(예측 모델의 훈련 시간 단축), 과도학습의 억제 등을 목적으로 전처리에 사용하는 알고리즘으로 비지도 학습의 하나라고 알려져 있다. 하지만 지도 학습에서도 학습 데이터의 작성시에 유용하게 사용될 수 있다.

차원축소를 통하여 (1) 특징 변수 가운데 모델 작성에 중요한 특징 변수들만을 남기고 남은 특징 변수들을 제거하는 특징 선택을 수행하거나 (2) 모든 특징 변수를 사용하여 찾아낸 새로운 주성분(축)을 새로운 특징 변수로 선정하고 중요도가 낮은 축은 제거하는 특징 차원 축소를 수행하는 것이 목적이다. 주성분 분석은 특징 차원 축소에 의한 데이터 압축의 목적 외에도 시각화의 목적으로도 사용될 수 있다.

예를 들어 차원축소 및 주성분분석을 추가로 사용하여 알고리즘을 수행하였을 경우에 따른 정확도(accuracy)를 다른 알고리즘만을 사용한 경우와 비교를 하면 표 3-40와 같다. PCA(주성분 분석) 알고리즘과 로지스틱스 회귀를 같이 사용한 경우에 정확도가 상대적으로 높은 것을 알 수 있고, 이와 같이 다양한 알고리즘의 조합에 의하여 제일 우수한 모델을 찾는 것이 필요하다.

표 3-40 차원축소에 의한 정확도의 비교 예

예측 모델	차원삭감	특징량(예)	정해율
로지스틱 회귀	특징선택	플로린과 색을 선택	0.89
소프트맥스 회귀	특징선택	플로린과 색을 선택	0.89
선형서포트벡터분류	특징선택	플로린과 색을 선택	0.92
서포트벡터분류	특징선택	플로린과 색을 선택하고 가우스 커널로 변환	0.92
랜덤포레스트	특징선택	13개의 특징량을 무작위로 선택	0.94
PCA+로지스틱스	특징추출	PCA의 1성분과 2성분	0.97
KPCA+로지스틱스	특징추출	KPCA의 1성분과 2성분	1.00

3.7.1 주성분 분석

주성분 분석(Principal Component Analysis: PCA)은 데이터 전체의 분포와 비슷한 새로운 지표를 합성하여 차원을 축소하는 알고리즘이다. 예를 들어 '중량, 내압, 탄성도, 경도, 촉감' 등의 5개의 변수를 직교하는 '부드러운 정도, 흔들리는 정도'의 2개의 변수로 합성하는 것이 가능하다면 5차원을 2차원으로 줄이는 것이 가능하게 된다. 이렇게 합성된 지표를 주성분이라고 한다. 주성분 분석에서는 기여율을 이용하여 차원이 축소된 데이터가 원래 데이터를 어느 정도 비슷하게 나타내는지를 평가할 수 있다. 기여율은, 원래의 데이터에 대하여 그 데이터 분포의 상관성이 높은 정도를 표시하는 값이다. 일반적으로 원래 데이터와 90% 정도의 데이터 분포의 특징이 비슷하면 충분하다고 생각할 수 있다.

PCA는 많은 변수를 갖고 있는 데이터를 그 분포의 특징을 유지하면서 적은 변수로 표현하는 것이 목적인 대표적인 차원 축소 알고리즘이다. 예를 들어 변수가 100개인 데이터를 분석하는 경우, 그대로 분석을 하는 것보다는 만약 5개의 변수로 표현하는 것이 가능하다면 차원을 축소(데이터 양을 축소)하고 분석하는 것이 유리하게 된다. 변수를 축소하는 방법으로 두 가지를 생각할 수 있다. 하나는, 중요한 변수만을 사용하고 남은 변수를 사용하지 않는 것이다. 또 하나는, 원래 데이터의 변수로부터 새로운 변수를 구성하는 것이다. 주성분 분석은 후자의 방법을 이용해서 데이터의 변수의 개수를 축소하는 것이다. 즉 고차원 공간에서 표현된 데이터를 저차원의 변수로 설명하는 것이 가능하게 된다. 이러한 저차원의 축을 주성분이라고 하고 원래 변수의 선형 합으로 표현된다.

주성분 분석은 대상 데이터가 높은 상관관계를 가지며 분포하는 방향과 그 중요도를 찾는 것이다. 예를 들어 주성분 분석을 수행하기 전에 데이터의 분포 방향과 그 중요도를 화살표로 표시를 하면 그림 3-68(a)와 같다. 방향은 새로운 데이터를 구성하는 경우에 대상 데이터가 어느 정도의 분포 가중치를 갖는 가에 따라 결정을 한다. 또한 중요도는 변수의 편차와 관계가 있고 데이터 자체의 정보를 잘 표현할 수 있다. 새로운 축으로 원래 데이터를 변환을 해서 표시한 것이 (b)이다. 주성분 가운데 중요도가 큰 것을 제 1성분(가로축) 그리고 그 다음으로 중요한 것을 제 2성분(세로축)으로 표시를 하였다. 제 1성분 방향 으로 분산이 크고 제 2성분 방향으로는 분산이 크지 않음을 알 수 있다.

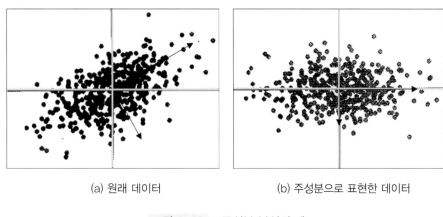

(a) 원래 데이터   (b) 주성분으로 표현한 데이터

그림 3-69 주성분 분석의 예

주성분 분석(PCA)은 차원 축소를 하는 것이 목적이고 시각화와 데이터 압축 의 전처리에 사용된다. 시각화를 위해서 원래 차원을 2차원 또는 3차원으로 차 원을 축소를 하며, 데이터의 압축으로 인하여 훈련 시간의 단축이라는 잇점을 누리는 것이 목적이고, 원래 과도학습 억제를 위한 것은 아니었지만 적용을 할 수도 있다.

PCA는 원래 데이터의 정보(분산)을 많이 갖고 있는 방향 순서로 정리하여 n 개의 특징변수를 제1 주성분, 제2 주성분, …, 제n 주성분의 새로운 축(주성분) 을 만드는 것이다. 이러한 주성분 가운데 분산이 작은 주성분을 제거하여 차원 을 축소한다. 예를 들어 x_1과 x_2의 2개의 특징 변수를 갖는 2차원의 특징 벡터 $x = (x_1, x_2)^T$가 있다고 가정하면, 다음 식과 같이 투영행렬(projection matrix,

변환행렬, W)에 의하여 특징 변수 x_1과 x_2를 주성분 z_1과 z_2로 선형 변환한다.

$$\begin{pmatrix} z_1 \\ z_2 \end{pmatrix} = \begin{pmatrix} w_{11} & w_{12} \\ w_{21} & w_{22} \end{pmatrix} \begin{pmatrix} x_1 \\ x_2 \end{pmatrix} \tag{3.47}$$

즉 PCA에 의해 특징 벡터 $x = (x_1, x_2)^T$를 주성분 벡터 $z = (z_1, z_2)^T$로 변환할 수 있다. 주성분 벡터는 원래의 정보(분산)의 크기를 갖고 있어 다음 그림 3-69 과 같이 분산이 작은 주성분 z_2의 차원을 제거하여도 주성분 벡터의 원래 정보 는 크게 변하지 않는 것을 알 수 있다.

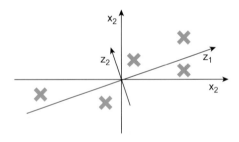

그림 3-70 2차원 특징 변수를 PCA에 의하여 1 차원으로 축소하는 개념

PCA는 특징 변수의 공분산 행렬(3.4.4 참조)을 작성하고 그 행렬의 고유값 분 해를 하여 고유벡터의 주성분과 대응되는 고유값 분산을 짝으로 얻을 수 있 다. 분산이 큰 주성분이 원래의 데이터의 정보를 많이 포함하고 있기 때문에 분산이 큰 순서로 주성분을 배열하여 투영행렬을 만든다. 그리고 투영행렬에 서 고유값(분산)이 작은 주성분을 제거하여 투영행렬은 작게 만들게 된다. 이 와 같은 PCA의 계산 순서는 다음과 같다.

(1) n차원의 특징 벡터 x를 표준화

(2) 특징 벡터를 사용하여 $n \times n$의 공분산 행렬을 작성

(3) 공분산 행렬을 고유값 분해하여 고유값과 고유벡터를 계산

(4) 고유값을 크기가 큰 순서로 정렬하여 대응되는 고유벡터로 $n \times n$의 투영행렬 W를 작성

(5) $n \times n$의 투영행렬의 고유값 크기가 작은 k열의 뒤를 제거하여 $n \times k$의 투영행렬로 변환

(6) n차원의 특징 벡터 x에 투영행렬 W를 곱하여 k차원의 주성분 z를 작성

표준화 이전 공분산행렬의 각 요소 $\sigma_{j,k}$는 다음과 같다.

$$\sigma_{jk} = \frac{1}{m} \sum_{i=1}^{m} (x^{(i)} - \mu_j)(x_k^{(i)} - \mu_k) \tag{3.48}$$

여기서 m은 훈련 데이터의 수, j 및 k는 공분산행렬의 행과 열을 의미를 한다.

단계 (1)에서 표준화로 특징 벡터의 평균은 0이 되고 $\mu_j = 0$, $\mu_k = 0$이 되어 식 (3.42)는 다음과 같이 된다.

$$\sigma_{jk} = \frac{1}{m} \sum_{i=1}^{m} (x_j^{(i)})(x_k^{(i)}) \tag{3.49}$$

따라서 표준화후 단계(2)의 공분산행렬은

$$\sum = \frac{1}{m} \sum_{i=1}^{m} (x^{(i)})(x^{(i)})^T \tag{3.50}$$

이 된다.

단계 (3)에서는 공분산행렬 Σ를 고유값 분해하여 n개의 고유값(분산)과 대응되는 n개의 고유 벡터(주성분)를 계산한다. 단계 (4)에서는 단계 (3)의 고유값

의 크기가 큰 것이 앞에 나오는 순서대로 고유벡터를 주성분으로 할당하여 다음과 같은 $n \times n$의 투영행렬 W를 만든다.

$$W = \begin{pmatrix} w_{11} & \cdots & w_{1n} \\ \cdot & & \cdot \\ \cdot & & \cdot \\ \cdot & & \cdot \\ w_{n1} & \cdots & w_{nn} \end{pmatrix} \tag{3.51}$$

이와 같은 투영행렬을 이용하여 특징 벡터를 주성분 벡터로 변환하는 선형 변환은 $z = Wx$가 되지만 계산을 편리하게 하기위해서 $z^T = x^T W^T$과 같은 형태로 바꾸게 된다.

단계 (5)에서는 W의 대응되는 고유값이 작은 k 열 뒤를 삭감하여 제 1 주성분부터 제 k 주성분까지를 남기게 되어 $n \times k$ 형상이 된다. 차원 축소 전과 후의 투영행렬을 비교하면표 3-41과 같다.

표 3-41 차원축소 전과 후의 투영행렬의 비교

차원 축소 전의 투영 행렬	$(z_1, z_2 \cdots z_n) = WW^T$ $= (x_1, x_2 \cdots x_n) \begin{pmatrix} w_{11} & \cdots & w_{k1} & \cdots & w_{n1} \\ w_{12} & \cdots & w_{k2} & \cdots & w_{n2} \\ \cdot & & \cdot & & \cdot \\ \cdot & & \cdot & & \cdot \\ \cdot & & \cdot & & \cdot \\ w_{1n} & \cdots & w_{kn} & \cdots & w_{nm} \end{pmatrix}$
차원 축소 후의 투영행렬	$(z_1, z_2 \cdots z_k) = (x_1, x_2 \cdots x_n) \begin{pmatrix} w_{11} & \cdots & w_{k1} \\ w_{12} & \cdots & w_{kw} \\ \cdot & & \cdot \\ \cdot & & \cdot \\ \cdot & & \cdot \\ w_{1n} & \cdots & w_{kn} \end{pmatrix}$

단계 (6)에서는 n차원의 특징 벡터 x에 $n \times k$의 투영행렬 W를 곱하여 k차원의 주성분 벡터 z로 차원을 축소하게 된다. 투영행렬을 축소하여 차원 k를 지정할 때, '인자기여율' 또는 '누적기여율'을 사용하게 되고, 차원 k는 학습을 통하여 구하는 것은 아니고 하이퍼패러미터이다.

고유값 분해를 수행하여 얻은 고유값은 분산을 나타내고 원래 데이터의 분포의 중요도를 나타내게 된다. 고유값을 전체 고유값의 합계로 나눈 것을 '인자기여율'이라고 한다. 주성분분석을 하면 고유값은 인자기여율이 높은 순서로 나열하고, 고유벡터도 인자기여율이 높은 순서에 따라 제1 주성분부터 제k 주성분이라고 한다. 인자기여율은 제1 주성분부터 제k 주성분까지 합계를 하면 1이 된다. 즉, 인자기여율은 주성분을 갖는 분산의 비율로서 이를 이용하여 각 주성분의 중요도를 평가할 수 있다.

'누적기여율'은 인자기여율을 제1 주성분부터 제k 주성분까지 합계를 한 것으로, k 주성분까지의 정보로 원래 데이터의 몇 %의 정보를 갖고 있는지를 평가할 수 있다.

다음에는 scikit-learn을 이용한 2가지의 차원 축소 방법의 예제를 수행하여 보도록 한다. 그림 3-70에는 두 가지 차원 축소 방법을 비교한 것을 보여준다.

축소 방법 1은, 직접 축소하는 차원수(k)를 지정하는 것이다. 이 예제의 와인 데이터 세트의 경우, 특징량 벡터는 13 차원인데, 1부터 13의 정수를 지정할 수 있다.

축소 방법 2는, 누적기여율은 제1 주성분부터 제k 주성분까지의 인자기여율의 합계이기 때문에 0보다는 크고 1 미만의 수로 지정을 하여 지정한 누적기여율을 만족할 경우에 차원을 k로 축소한다.

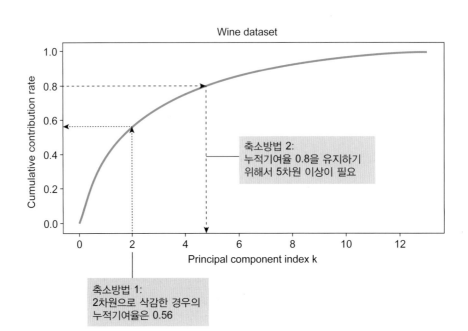

그림 3-71 두가지 차원 축소 방법의 비교

다음의 예제를 통해서 3.4.4 장의 로지스틱 회귀 예제를 대상으로 차원을 축소하면 보다 개선된 결과를 얻을 수 있음을 보도록 한다. 그림 3-71과 그림 3-72는 훈련 데이터와 테스트 데이터를 이용한 분류 결과를 보여주고 있고, 표 3-47은 예제 코드를 보여준다.

Scikit-learn의 PCA 알고리즘에 있는 하이퍼패러미터 n_components를 이용하여 축소 후의 차원 수를 지정한다. 이 예제에서는 n_components를 2로 하여 제 2 주성분까지 고유값 분해를 수행하여 제 1 주성분과 제 2 주성분의 각각의 고유값과 고유벡터를 계산한다.

fit_tranform METHOD는 훈련 데이터의 특징 벡터를 사용하여 주성분 분석의 모델을 작성하고 계속하여 주성분 분석을 수행한다. 그리고 transform

METHOD를 이용하여 테스트 데이터의 특징 벡터의 주성분 분석을 수행한다. explained_variance METHOD를 이용하여 고유값을 출력하고, explaned_variance_ ratio METHOD를 이용하여 인자기여율을 출력할 수 있다.

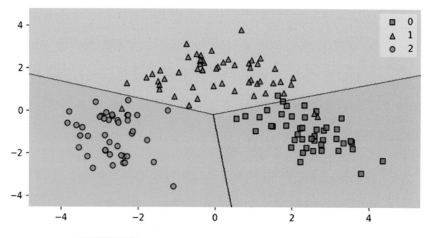

그림 3-72　훈련 데이터에 의한 차원 축소후 분류 결과

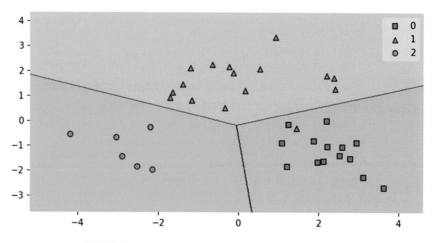

그림 3-73　테스트 데이터에 의한 차원 축소후 분류 결과

이를 이용하여 제 2 주성분 분석까지 원래 정보의 56%를 유지하고 있음(누적 기여율=0.56)을 알 수 있다. components METHOD를 이용하여 고유벡터를 출력할 수 있다. 축소 후 훈련 데이터와 테스트 데이터의 형상을 확인 할 수 있다.

이와 같이 전처리를 하여 차원 축소가 완료된 훈련 데이터와 테스트 데이터를 준비를 한다. 이후 차원이 축소된 데이터를 이용하여 로지스틱 회귀 분류를 수행한 결과, 원래 데이터를 이용한 로지스틱 회귀 모델의 0.89보다 개선된 0.97를 얻을 수 있음을 알 수 있다. 이후에는 차원 축소를 지정하지 않고 주성분 분석을 수행하는 것을 나타내었고, 차원 축소 전의 13개 변수의 값을 구할 수 있다.

다음에는 축소 후 차원을 지정하지 않고 누적기여율을 지정하여 주성분 분석을 수행한 것을 보도록 한다. 이후에 누적기여율을 0.8 이상으로 지정하여 수행을 하면 제 5 주성분까지 누적기여율이 0.8 이상이 되는 것을 알 수 있다.

표 3-42 주성분 분석(PCA)에 의한 차원 축소 예제 코드

```python
import numpy as np
import matplotlib.pyplot as plt
from mlxtend.plotting import plot_decision_regions
from sklearn.linear_model import LogisticRegression
from sklearn.preprocessing import StandardScaler
from sklearn.model_selection import train_test_split
from sklearn.metrics import accuracy_score
from sklearn import datasets
from sklearn.decomposition import PCA
# 와인 데이터의 다운로드
wine_data = datasets.load_wine()
X = wine_data.data
y = wine_data.target
```

```python
# 특징변수와 정해 레이블을 훈련데이터와 테스트 데이터로 분할
X_train, X_test, y_train, y_test=train_test_split(X, y, test_
size=0.2 , random_state=0 )
# 특징변수의 표준화
scaler = StandardScaler()
X_train_std = scaler.fit_transform(X_train)
X_test_std =scaler.transform(X_test)
# 특징변수는 13개
print ('훈련 및 테스트 데이터 형상:\n ', X_train_std.shape, X_test_
std.shape)
# 삭제후의 차원을 2로 지정하여 주성분분석을 실행
PCA_2c = PCA(n_components=2 )
# 훈련데이터로 주성분분석 모델 작성
X_train_PCA_2c = PCA_2c.fit_transform(X_train_std)
# 훈련데이터로 작성한 모델로 테스트 데이터를 주성분분석
X_test_PCA_2c = PCA_2c.transform(X_test_std)
# 제2주성분까지의 주성분분석의 결과
print ('고유값:\n ',PCA_2c.explained_variance_)
print ('인자기여율:\n ',PCA_2c.explained_variance_ratio_)
print ('고유 벡터의 형상:\n ', PCA_2c.components_.shape)
print ('고유 벡터:\n ', PCA_2c.components_)
# 특징변수는 2개
print ('주성분에 대한 학습 및 테스트 데이터 형상:\n ',X_train_PCA_2c.
shape, X_test_PCA_2c.shape)
print ('앞 5건 삭제후의 특징변수:\n ', X_train_PCA_2c[:5 ])
# 로지스틱 회귀 모델을 작성
model_lr = LogisticRegression(multi_class='ovr', max_iter=100 ,
solver='liblinear', penalty='l2'
, random_state=0 )
# 모델의 훈련
model_lr.fit(X_train_PCA_2c, y_train)
# 테스트 데이터로 정확도를 계산
y_test_pred = model_lr.predict(X_test_PCA_2c)
accuracy = accuracy_score(y_test, y_test_pred)
print ('정확도 = ', round (accuracy,2 ))
# 훈련 데이터 그림
```

```python
plt.figure(figsize=(8 ,4 )) # 그림 크기의 지정
plot_decision_regions(X_train_PCA_2c, y_train, model_lr)
# 테스트 데이터 그림
plt.figure(figsize=(8 ,4 )) # 그림 크기의 지정
plot_decision_regions(X_test_PCA_2c, y_test, model_lr)
# 삭제후의 차원을 지정하지 않고 주성분분석을 실행
PCA_none = PCA(n_components=None )
PCA_none.fit_transform(X_train_std)
# 모든 고유값의 주성분분석의 결과
print ('고유값:\n ', PCA_none.explained_variance_)
print ('인자기여율:\n ', PCA_none.explained_variance_ratio_)
# 차원수와 누적기여율
var_ratio = PCA_none.explained_variance_ratio_
var_ratio = np.hstack([0 , var_ratio.cumsum()])
plt.figure(figsize=(8 ,4 )) # 그림 크기의 지정
plt.plot(var_ratio)
plt.ylabel('Cumulative contribution rate')
plt.xlabel('Principal component index k')
plt.title('Wine dataset')
plt.show()
# 누적기여율을 지정하여 주성분분석을 실행
PCA_var_0_8 = PCA(n_components=0.8 )
PCA_var_0_8.fit_transform(X_train_std)
# 지정한 누적기여율을 넘을 수 있도록 주성분분석한 결과
print ('고유값:\n ', PCA_var_0_8.explained_variance_)
print ('인자기여율:\n ', PCA_var_0_8.explained_variance_ratio_)
```

3.7.2 커널 주성분 분석

3.4.7 장에 기술한 바와 같이 SVC 예측 모델은 특징 변수들을 가우스 커널로 변경하면 모델의 특징 벡터를 고차원으로 변환하여 고차원의 공간에서 선형 분류를 할 수 있게 된다. 동일한 방법으로 커널 PCA(Kernel principal component analysis)는 특징 벡터를 가우스 커널로 변환하여 주성분 분석을 수

행하면 선형 분류가 가능하지 않은 데이터를 선형 분류를 할 수 있게 한다.

커널 PCA에서는 주성분 분석을 하기 전에 모델의 n차원의 특징 벡터 $x = (x_1,$ $x_2, \cdots, x_n)^T$를 m차원의 가우스 커널 $K(x^{(i)}, x)$의 선형 합으로 변경한다.

$$
\begin{aligned}
h_\theta(x) &= a^{(1)}K(x^{(1)},x) + a^{(2)}K(x^{(2)},x) + \cdots + a^{(n)}K(x^{(n)},x) \\
&= \sum_{i=1}^{m} a^{(i)}K(x^{(i)},x)
\end{aligned}
\tag{3.52}
$$

여기서 가우스 커널은

$$
K(x^{(i)},x) = \exp(-\gamma \parallel x - x^{(i)} \parallel^2)
$$
$$
\parallel x - x^{(i)} \parallel^2 = \sum_{j=1}^{n}(x_j - x_j^{(i)})^2
$$
$$
\gamma = \frac{1}{2\sigma^2}
$$

이어서 m차원의 커널 벡터를 이용하여 $m \times m$의 커널 행렬 K를 만든다. 커널 주성분 분석은 PCA의 공분산 행렬의 계산 단계와 마찬가지이고, 커널 행렬을 고유값 분해하여 주성분 분석을 수행한다.

커널 PCA의 장점은 1차원 특징으로 작성한 주성분은 선형 분류를 할 수 없는 데이터인데도 선형 분류가 가능하게 된다는 점이다. 단점으로는 PCA의 누적 기여율을 사용할 수 없는 점과 커널 함수의 하이퍼패러미터를 지정해야 한다는 점이다.

다음에는 와인 데이터를 이용한 커널 PCA의 수행 결과를 보여주는데, 훈련 데이터를 이용한 경우는 그림 3-73과 같고, 테스트 데이터를 이용한 경우는 그림 3-74와 같다.

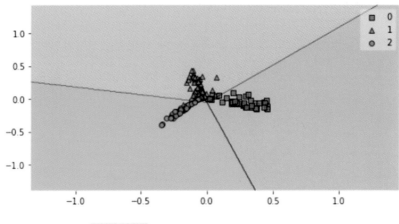

그림 3-74 훈련 데이터를 이용한 수행 결과

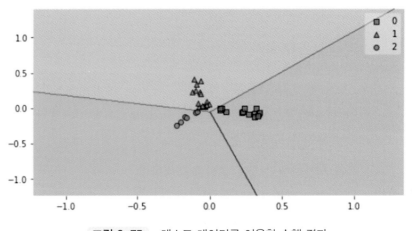

그림 3-75 테스트 데이터를 이용한 수행 결과

3.7.1장의 PCA를 이용한 분류에서는 0.97의 정확도를 얻어서 완전한 분류는 되지 않았지만, 커널 PCA에서는 1.0의 정확도를 얻어서 완전한 분류가 된 것을 알 수 있다. 이 예제에서는 하이퍼패러미터로 가우스 커널의 gamma = 0.3을 지정을 하였다.

표 3-43 커널 주성분 분석에 의한 차원 축소 예제 코드

```python
import numpy as np
import matplotlib.pyplot as plt
from mlxtend.plotting import plot_decision_regions
from sklearn.linear_model import LogisticRegression
from sklearn.preprocessing import StandardScaler
from sklearn.model_selection import train_test_split
from sklearn.metrics import accuracy_score
from sklearn import datasets
from sklearn.decomposition import KernelPCA


# 와인 데이터의 다운로드
wine_data = datasets.load_wine()
X = wine_data.data
y = wine_data.target
# 특징변수와 레이블을 훈련 데이터와 테스트 데이터로 분할
X_train, X_test, y_train, y_test=train_test_split(X, y, test_size=0.2 , random_state=0 )

# 특징변수의 표준화
scaler = StandardScaler()
X_train_std = scaler.fit_transform(X_train)
X_test_std =scaler.transform(X_test)
# 특징변수는 13개
print ('훈련 및 테스트 데이터 형상:\n ', X_train_std.shape, X_test_std.shape)
# 삭제후의 차원을 2로 지정하여 주성분분석을 실행
KPCA_2c = KernelPCA(n_components=2 , kernel='rbf', gamma=0.3 , random_state=0 )

# 훈련 데이터로 주성분분석 모델을 작성
X_train_KPCA_2c = KPCA_2c.fit_transform(X_train_std)
# 훈련 데이터로 작성한 모델로 테스트 데이터를 주성분분석
X_test_KPCA_2c = KPCA_2c.transform(X_test_std)
# 특징변수는 2개
```

```python
print ('주성분에 대한 학습 및 테스트 데이터 형상:\n ',X_train_KPCA_
2c.shape, X_test_KPCA_2c.shape)
# 로지스틱 회귀 모델을 작성 및 훈련
model_lr = LogisticRegression(multi_class='ovr', max_iter=100 ,
solver='liblinear', penalty='l2', random_state=0 )
model_lr.fit(X_train_KPCA_2c, y_train)

# 테스트 데이터로 정확도를 계산
y_test_pred = model_lr.predict(X_test_KPCA_2c)
accuracy = accuracy_score(y_test, y_test_pred)
print ('정확도 = ', round (accuracy,2 ))

# 훈련 데이터의 그림
plt.figure(figsize=(8 ,4 )) # 그림 크기의 지정
plot_decision_regions(X_train_KPCA_2c, y_train, model_lr)
# 테스트 데이터의 그림
plt.figure(figsize=(8 ,4 )) # 그림 크기의 지정
plot_decision_regions(X_test_KPCA_2c, y_test, model_lr)
plt.show()
```

3.8 신경망

3.8.1 개요

인간의 뇌는 약 1,000억 개의 뉴런(그림 3-75(a))으로 구성되어 있고, 그림 3-75(b)과 같은 시냅스(synapse)를 통해 전기적 신호를 주고 받으며 정보와 패턴을 인식하는 등의 지적 활동을 하는 것으로 알려져 있다.

시냅스는 한 뉴런(neuron)의 축삭돌기(axon)로부터 다른 뉴런의 수상돌기(dendrite)로 전기적 또는 화학적 신호를 전달하는 뉴런 사이 연결 지점이다. 다른 뉴런들로부터 전달 받은 전기적 신호를 변형하여 또 다른 뉴런으로 전달하면서 수많은 뉴런들이 서로 연결되어 매우 큰 규모의 네트워크를 구성하게 된다.

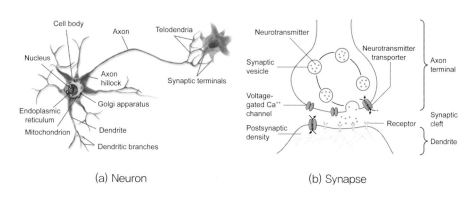

(a) Neuron

(b) Synapse

그림 3-76 인간 뇌의 뉴런과 시냅스의 구조(출처:wikipedia.com)

한 뉴런에서 다른 뉴런으로 신호가 전달되기 위해서는 일정 강도 이상의 자극이 필요한데, 이 자극이 역치(threshold)값 이상이 되면 다음 뉴런으로 신호가 전달된다. 이러한 일련의 과정을 통해 네트워크 전체에 전기적 신호가 전달되면서 최종적으로 중추신경계로 도달되게 되어 정보를 처리하고 패턴을 인식을 하게 된다.

예를 들어, 인간의 감각 중 시각은 눈의 망막을 통해 들어온 신호가 뉴런에서 뉴런으로 전달되는 과정에서 처음에는 전체의 윤곽을 파악하고, 점차 자세한 부분에 대하여 파악하는 층으로 전파하여 최종적으로 풍경을 인식하게 된다. 이러한 인간의 뇌세포의 구조와 기능을 모방하여 정보를 처리하고 패턴을 학습하는 인공지능 알고리즘이 인공신경망(Artificial Neural Network)이다. 뉴런의 구조를 모방하여 신경망을 구성하는 제일 단순한 구성 요소의 형태는 그림 3-76와 같다.

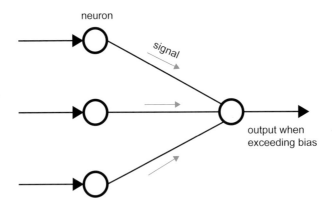

그림 3-77   뉴런을 모방한 신경망의 제일 단순한 형태

인공신경망의 학습 알고리즘은 어느 정도의 세기로 입력 신호를 전달할지를 나타내는 가중치(weighting, W)와 신호가 다음 뉴런으로 넘어가는 기준이 되는 역치(bias, b)를 결정하는 과정을 통해 훈련(train)하고 학습(learning)한다.

그림 3-77과 같이 여러 개의 층으로 이루어진 다층신경망(Multi Layer Network)을 이용해 학습하는 방법을 딥러닝 또는 심층학습(Deep Learning)이라고 한다. 다층은 일반적으로 4층(layer) 이상을 의미하고, 심층학습 알고리즘의 등장 이전에는 4층 이상의 심층 신경망은 국소 최적해(Local Minimum)와 기울기 소실(Gradient Descent) 등의 기술적인 문제로 충분히 학습을 시키지 못해 성능이 좋지 않았다. 그러나 최근에 Hinton 등에 의한 다층 신경망의 연구 및 학습에 필요한 계산능력 향상 그리고 인터넷의 발달에 의한 훈련 데이터 조달이 가능해져 충분히 학습을 시킬 수 있게 되었다. 그 결과, 음성·화상·자연 언어를 대상으로 하는 문제에 대해 다른 알고리즘을 압도하는 성능을 보여 2010년대 이후에 인공지능 분야에서 많이 사용하게 되었다.

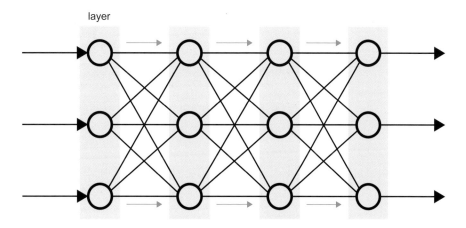

그림 3-78 다층 신경망의 개념도

3.8.2 퍼셉트론

퍼셉트론(Perceptron)은 신경망(Neural Network)의 가장 기초적인 형태이다. 따라서 퍼셉트론의 구조를 배우는 것은 딥러닝을 배우는 데 있어 기본이 될 것이다. 그렇다면 이제 퍼셉트론에 대해 알아보자.

퍼셉트론은 여러 신호를 입력받아 하나의 신호를 출력한다. 퍼셉트론에 입력되는 각의 신호들은 고유한 가중치(weight)들과 곱해지고 퍼셉트론의 핵에서 총합이 구해진다. 이 때 총합이 일정 값(θ)을 넘을 때에만 1이 출력되고, 그렇지 않으면 0이 출력된다. 따라서 퍼셉트론은 0과 1의 두 가지 출력 값만 가질 수 있다. 그림 3-78을 보면 두 개의 신호 x_1, x_2가 입력되어 가중치(weight)와 각각 곱한 후 총합이 $w_1 x_1 + w_2 x_2$로 구해지고 이 값이 θ값 보다 클 때에 1이 출력되고 θ값 보다 작을 때에 0이 출력되는 것을 볼 수 있다.

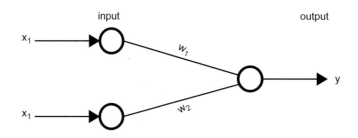

그림 3-79 신경망의 가장 단순한 퍼셉트론 모델

입력과 출력의 관계를 수식으로 다음과 같이 나타낼 수 있다.

$$y = \begin{cases} 1 \ (w_1 x_1 + w_2 x_2 \geq \theta) \\ 0 \ (w_1 x_1 + w_2 x_2 < \theta) \end{cases} \tag{3.53}$$

여기서 원하는 출력(y)을 얻을 수 있도록 적절한 가중치(w_1, w_2)와 역치(θ)를 정하는 과정을 학습이라 할 수 있다.

이를 n개의 입력으로 확장하면 다음과 같다.

$$y = \begin{cases} 1 \ (w_1x_1 + w_2x_2 + \ \cdots \ + w_nx_n \geq \theta) \\ 0 \ (w_1x_1 + w_2x_2 + \ \cdots \ + w_nx_n < \theta) \end{cases} \tag{3.54}$$

이어서 식 (3.54)를 step function의 형태로 나타내면 다음과 같다.

$$f(x) = \begin{cases} 1 \ (x \geq 0) \\ 0 \ (x < 0) \end{cases} \tag{3.55}$$

$$y = \begin{cases} 1 \ (w_1x_1 + w_2x_2 + \ \cdots \ + w_nx_n - \theta > 0) \\ 0 \ (w_1x_1 + w_2x_2 + \ \cdots \ + w_nx_n - \theta < 0) \end{cases} \tag{3.56}$$

이는 또한 벡터 형태로 나타낼 수 있다.

$$x = \begin{pmatrix} x_1 \\ x_2 \\ \cdot \\ \cdot \\ \cdot \\ x_n \end{pmatrix}, \qquad w = \begin{pmatrix} w_1 \\ w_2 \\ \cdot \\ \cdot \\ \cdot \\ w_n \end{pmatrix}, \qquad y = f(w^Tx + b) \tag{3.57}$$

여기서 $f(x)$는 step function, $b = -\theta$, w는 weight vector, b는 bias를 의미한다.

이제 1개의 단순한 퍼셉트론을 분류 문제에 적용해보자.

학습 알고리즘의 목적은 모델의 실제 출력과 정해(true value)의 차이가 작아지도록 적절한 weight와 bias의 값을 계산하는 것이다. 이를 하기 위해서 정해 출력은 t, 모델의 출력은 y이라고 하면 y와 t가 같아질수록 Δw, Δb는 작아지

도록 나타내면

$$\Delta w = (y-t)x \tag{3.58}$$

$$\Delta b = (y-t) \tag{3.59}$$

와 같이 되고, 순차적으로 값을 갱신하는 알고리즘에서

$$w^{(k+1)} = w^{(k)} - \Delta w \tag{3.60}$$

$$b^{(k+1)} = b^{(k)} - \Delta b \tag{3.61}$$

로 나타낼 수 있다. $y = f(w^T x + b)$ 함수에서 $(w^T x + b > 0)$일 경우에 $y = 1$이 되고 $(w^T x + b \leq 0)$일 경우에 $y = 0$이 된다.

입력 뉴런이 2개인 단순 퍼셉트론의 예제 코드(표 3-44)는 다음과 같다. 모델을 Simple_perceptron 클래스로 정의를 하고 데이터의 준비, 모델의 구축, 모델의 학습 그리고 모델의 평가 순서로 구성을 하였고, 이와 같은 흐름은 일반적으로 기계학습 코드의 구성에 사용되는 방법이다.

처음에는 클래스를 정의를 하였고, def __init__는 2장에서 설명한 바와 같은 초기자(생성자 또는 initializer)를 의미한다. 식 (3.5)와 같은 모델의 구축을 위해서 입력 차원을 정의하였고, 가중치 패러미터를 정의하였다. 이를 위한 초기 데이터를 생성하기 위하여 난수 발생기를 사용하였고 실행할 때 마다 같은 난수가 생성되도록 np.random.normal를 사용하여 난수의 상태를 정규분포로 정의를 하였다. 또한, 바이어스 초기값을 지정을 하였다.

표 3-44 단순 퍼셉트론 예제 코드

```python
import numpy as np

class Simple_perceptron (object ):
    def __init__(self , input_dim):
        self .input_dim = input_dim
        self .w = np.random.normal((input_dim,1 ))
        self .b = 0.

    def output (self , x):
        y = step(self .w @ x + self .b)
        return y

    def compute_deltas (self , x, c):
        y = self .output(x)
        delta = y - c
        dw = delta * x
        db = delta
        return dw, db

def compute_loss (dw, db):
    return all (dw == 0 ) * (db == 0 )

def train_step (x, c):
    dw, db = model.compute_deltas(x, c)
    loss = compute_loss(dw, db)
    model.w = model.w - dw
    model.b = model.b - db
    return loss

def step (x):
    return 1 * (x >0 )

if __name__ == '__main__':
    np.random.seed(1 )
    # 데이터 준비
```

```
d, N = 2 , 50  # 입력 데이터 차원, 총 데이터 개수
x1 = np.random.randn(N//2 , d) + np.array([0 , 0 ])
x2 = np.random.randn(N//2 , d) + np.array([5 , 5 ])
x = np.concatenate((x1, x2), axis=0 )  # 입력 데이터
c1, c2 = np.zeros(N//2 ), np.ones(N//2 )
                         # x1 데이터 class(0), x2 데이터 class(1)
c = np.concatenate((c1, c2))      # 출력 데이터 (target)


# 모델 생성
model = Simple_perceptron(input_dim=d)

# 모델 학습
while True :
    classified = True
    global i,loss
    for i in range (N):
        loss = train_step(x[i], c[i])
        classified *= loss
    print ('classified:', classified)
    if classified:
        print ('Last data: ',i, loss)
        break

# 모델 예측 성능 평가
print ('w: ', model.w)
print ('b: ', model.b)
print ('(0, 0) is ', model.output([0 , 0 ]))
print ('(5, 5) is ', model.output([5 , 5 ]))
```

모델은 입력 x를 받아서 y을 출력하도록 정의하였다. 이 모델에서는 출력과 정해(true value)의 차이를 계산하기 위해 식 (3.6)과 식 (3.7)과 같이 가중치의 변화 Δw와 바이어스의 변화 Δb의 계산을 정의하였다. 이 모델에서는 활성화 함수로 단순한 step 함수를 사용하였다. 다음은 훈련 데이터의 준비로서, 출력이

0인 데이터(원형)의 평균값은 0, 출력이 1인 데이터(삼각형)의 평균값을 5로 하여 각각 20개의 데이터를 준비하였다. 이 예제와 파이썬 명령어를 이용하여 그림 3-79와 같이 결정 경계를 나타내는 직선을 그려보기 바란다.

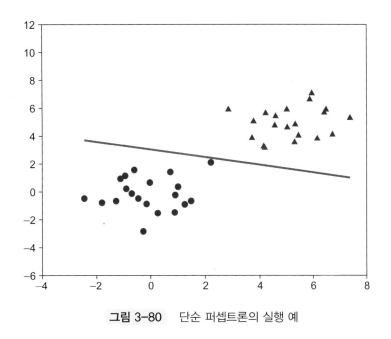

그림 3-80   단순 퍼셉트론의 실행 예

이처럼 계단함수(step function)를 사용해서 데이터의 분류를 선형적으로 하는 것도 가능하지만, 분류의 경계선을 비선형적인 곡선 또는 곡면으로 만들어서 분류 문제를 풀거나, 분류를 확률로써 표시하여 분류 문제를 푸는 방법도 있다.

이를 위해서 계단함수 대신에 시그모이드(sigmoid) 함수를 사용하면 확률을 나타내기에 적합하고 계산이 간편해진다. 시그모이드 함수를 사용하는 방법을 로지스틱(logistic) 회귀라고 한다. 이와 같이 뉴런의 선형결합 후에 비선형 변환을 하는 함수를 활성화 함수(activation function)라고 하고 시그모이드 함수는 많이 사용되는 활성화 함수중의 하나이다. 선형함수의 조합으로는 아무리 층(layer)의 개수를 많이 사용해도 비선형적으로 조작할 수 없으므로 활성화 함수로는 비선형 함수를 사용해야 한다.

그림 3-75와 같은 간단한 뉴런에서 입력 신호가 활성화 함수를 통하여 신호가 출력되는 예를 그림3-79에 나타냈다. 여기서는 활성화 함수로 ReLU를 사용하였다. 그림 3-80(a) 경우, 입력과 각각의 가중치의 계산 결과 3.7을 얻었고 이에 활성화 함수를 적용하면 y는 1을 출력하게 된다. 3-80(b)의 경우에는 입력과 가중치를 곱하여 계산한 결과, -0.8을 얻었고, 이에 활성화 함수를 적용하면 0이 출력된다.

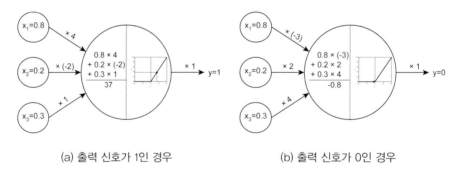

(a) 출력 신호가 1인 경우   (b) 출력 신호가 0인 경우

그림 3-81   뉴런에서 활성화 함수를 통하여 신호가 출력되는 예

인공 뉴런의 모델에 많이 사용되는 여러 가지 활성화 함수의 예를 표 3-45에 나타내었다.

로지스틱 회귀는 단순 퍼셉트론과 다른 확률적 분류 알고리즘으로써, 출력 y = 1이 될 확률은 $p(C = 1 \mid x) = \sigma(w^T x + b)$로 표현을 할 수 있고, 출력 $y = 0$이 될 확률은 $p(C = 0 \mid x) = 1 - p(C = 1 \mid x)$로 표현할 수 있다.

표 3-45 인공 뉴런의 모델에 많이 사용되는 활성화 함수의 예

함수 이름	Sigmoid function $\sigma(x) = \dfrac{1}{1+e^{-x}}$	tanh function $\tanh(x) = \dfrac{2}{1+e^{-2x}} - 1$	ReLU (Rectifier Linear Units) $f(x) = \begin{cases} 0\ (x<0) \\ x\ (x \geq 0) \end{cases}$
모양			
특징	• 출력 범위 : (0,1) • 인간의 뇌와 비슷해서 많이 사용 • 오차역전파법에서 경사 소실 문제가 발생 • 수식이 복잡함	• 출력 범위 : (−1,1) • 출력의 중심이 0 • 오차역전파법에서 경사 소실 문제가 발생 • Sigmoid 함수로 유도 가능	• 양수 영역에서만 선형 • 수렴이 매우 빠름 • 음수 영역에 대해서 여전히 경사 소실 문제 • 수식이 간단함 • x = 0에서 미분 불가능이지만 가능한 것으로 가정

$p(C = t \mid x) = y^t(1 - y)^{1-t}$로 나타낼 수 있고 여기서 $t \in \{0, 1\}$가 된다.

w와 b를 이용한 우도 함수(likelihood function) 표현을 사용하면

$$
\begin{aligned}
L(w,b) &= \prod_{n=1}^{N} p(C = t_n | x_n) \\
&= \prod_{n=1}^{N} y_n^{t_n} (1 - y_n)^{1 - t_n}
\end{aligned}
\tag{3.62}
$$

가 되고, 이 관계로부터 최소값을 계산하기 위해서 편미분을 계산하는 것은 복잡하기 때문에 계산을 간편하게 하기 위해

$$
\begin{aligned}
E(w,b) &= -\log L(w,b) \\
&= -\sum_{n=1}^{N} \left\{ t_n \log y_n + (1-t_n)\log(1-y_n) \right\}
\end{aligned}
\tag{3.63}
$$

로 바꾸어 나타내면, 최소값 계산(즉 편미분 계산)이 쉬워지기 때문에 이를 교차엔트로피 오차 함수(cross-entropy error function)라고 하고 이로부터 최소값을 구하게 된다. E를 오차함수(error function) 또는 손실함수(loss function)라고 한다.

교차 엔트로피 오차 함수에 경사 강하법(Gradient descent)(3.2 장 참조)을 적용하면 다음과 같다.

w와 b를 갱신하기 위한 관계에서

$$
w^{(k+1)} = w^{(k)} - \eta \frac{\partial E(w,b)}{\partial w}
\tag{3.64}
$$

$$
b^{(k+1)} = b^{(k)} - \eta \frac{\partial E(w,b)}{\partial b}
\tag{3.65}
$$

이어서 각각의 편미분을 구한다.

$$
\frac{\partial E(w,b)}{\partial w} = \sum_{n=1}^{N} \frac{\partial E_n}{\partial y_n} \frac{\partial y_n}{\partial w}
\tag{3.66}
$$

시그모이드 함수는

$$
\sigma'(x) = \sigma(x)(1-\sigma(x))
\tag{3.67}
$$

의 관계를 갖기 때문에 가중치(weight)로 편미분하면

$$\frac{\partial E(w,b)}{\partial w} = -\sum_{n=1}^{N} \left(\frac{t_n}{y_n} - \frac{1-t_n}{1-y_n} \right) \frac{\partial y_n}{\partial w}$$

$$= -\sum_{n=1}^{N} \left(\frac{t_n}{y_n} - \frac{1-t_n}{1-y_n} \right) y_n (1-y_n) x_n \qquad (3.68)$$

$$= -\sum_{n=1}^{N} (t_n(1-y_n) - y_n(1-t_n)) x_n$$

$$= -\sum_{n=1}^{N} (t_n - y_n) x_n$$

가 되고 바이어스(b)로 편미분하면

$$\frac{\partial E(w,b)}{\partial b} = -\sum_{n=1}^{N} (t_n - y_n) \qquad (3.69)$$

가 되어 w와 b의 갱신은 다음과 같은 관계로부터 계산할 수 있다.

$$w^{(k+1)} = w^{(k)} - \eta \sum_{n=1}^{N} (y_n - t_n) x_n \qquad (3.70)$$

$$b^{(k+1)} = b^{(k)} - \eta \sum_{n=1}^{N} (y_n - t_n) \qquad (3.71)$$

경사하강법은 이렇게 예측값(모델의 값, y_n)과 실제값(정해 출력, t_n)의 오차 $(y_n - t_n)$가 점차 줄어들도록 패러미터(weight, bias)를 최적화하는 신경망 알고리즘이다.

한 번으로 학습을 끝내는 것은 부족하므로 보통 N개의 데이터 전체에 대하여 여러 번 반복하여 학습을 한다. 여기서 전체 데이터에 대한 반복회수를 Epoch 이라고 한다.

경사하강법(Gradient Descent)은 배치 경사하강법(Batch Gradient Descent)라고도 하는데, 한 번의 epoch에서 패러미터의 갱신이 N개의 모든 데이터에 대하여 이루어진다. 이는 많은 계산량을 요구하므로 이를 개선하여 데이터를 랜덤으로 하나씩 선택해서 갱신을 반복하는 알고리즘을 사용한다. 이를 확률적 경사 강하법(stochastic gradient descent)이라고 한다.

즉 관계식 (3.51) 및 (3.52) 대신에

$$w^{(k+1)} = w^{(k)} - \eta(y_n - t_n)x_n \tag{3.72}$$

$$b^{(k+1)} = b^{(k)} - \eta(y_n - t_n) \tag{3.73}$$

로부터 각 패러미터를 갱신할 수 있게 된다.

또 배치 경사하강법과 확률적 경사하강법의 중간인 미니배치 경사하강법(mini-batch Gradient Descent)은 전체 데이터 N개를 $M(\le N)$개로 나누어 (mini-batch) 학습한다. mini-batch가 1이면 확률적 경사하강법과 같아진다.

다음에는 손글씨를 입력 데이터(화상)로 한 지도학습 신경망을 작성하고 학습하는 예제를 보도록 한다. 입력 화상이 4×3 크기의 화소의 흑백 이진(binary) 행렬로 되어 있다고 가정을 하고, 단순한 예로써 0과 1의 손글씨 숫자를 생각해 보도록 한다.

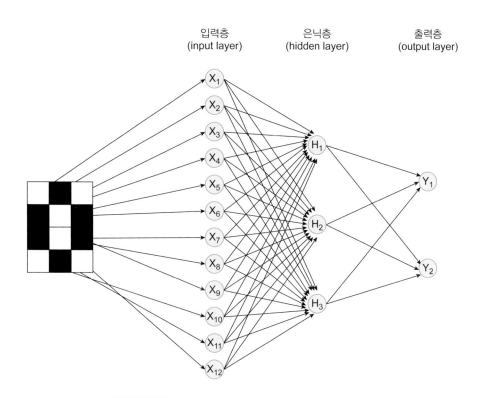

그림 3-82　손글씨 화상 데이터를 학습하는 신경망 예제

그림 3-81과 같이 은닉층(숨겨진 층)이 1개 이상이 있는 것을 인공신경망 (artificial neural network)라고 하고, 입력층, 은닉층, 출력층을 각각 X, H, Y라고 하고 노드(뉴런)는 위로부터 1, 2, 3...이라고 한다.

'0'을 표시하는 화상의 경우에는

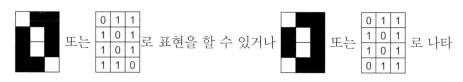

낼 수 있다.

'1'을 표시하는 화상의 경우에는

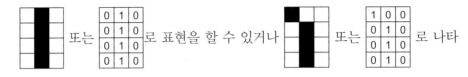

로 표현을 할 수 있거나 또는 로 나타

낼 수 있다.

이 신경망에서 입력층의 역할은 12개 화소의 화상 정보를 운반하는 역할하고 은닉층의 전부에 정보를 그대로 전달하는 역할을 한다. 은닉층에 있는 3개의 뉴런의 역할은 특징을 파악하는 역할을 한다. 예를 들어 입력 화상이 '1'인 경우에는 다음과 같은 특징의 패턴이 있는지 여부를 조사를 담당한다. 예를 들어

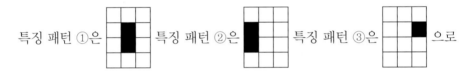

특징 패턴 ①은 특징 패턴 ②은 특징 패턴 ③은 으로

이와 맞는 결과가 있는지 없는지를 여부를 출력층으로 전달하는 역할을 한다.

출력층의 역할은 판정을 하는 역할을 한다. 이 예제에서는 Z_1이 '0'의 판정을 담당하고 Z_2가 '1'의 판정을 담당하고 0~1 사이의 확률로 결정을 한다.

이러한 신경망에서 은닉의 역할이 중요하다. 은닉층의 첫 번째 뉴런 H_1에 다음과 같은 특징 패턴을 인식하는 역할이 주어졌다고 가정을 하면 다음 그림 3-112의 (a)에 나타낸 바와 같은 화상이 입력될 경우에 X_4와 X_7이 weight를 증가시켜서 H_1으로 신호를 전달하게 된다. 또는 (b)의 경우와 같은 화상이 입력될 경우에는 X_5와 X_8의 weight를 증가시켜서 H_3로 신호를 전달하게 된다. 이 과정에서 뉴런 신호의 활성화와 이에 따른 다음 층으로의 신호의 출력은 앞에서 설명한 바와 같다.

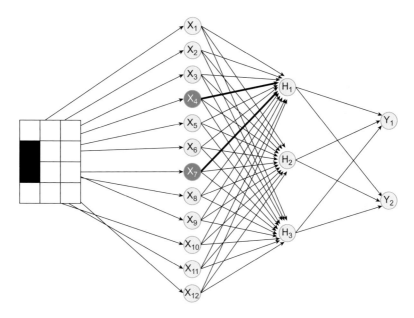

(a) 특징 패턴 ①이 입력되었을 경우

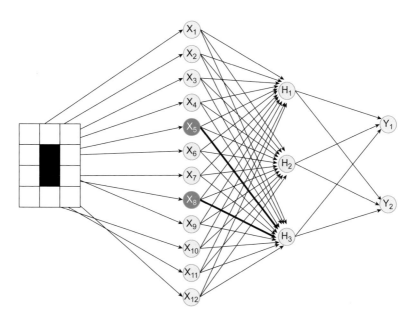

(b) 특징 패턴 ①이 입력되었을 경우

그림 3-83   어떤 특징이 있는 패턴이 입력 되었을 경우에 은닉층으로 신호의 전달

출력층의 역할을 알아보면, 출력층의 첫 번째 뉴런인 Y1에서는 입력이 '0'의 화상의 인식을 담당한다. 이 신경망에 특징 패턴①과 ②와 같은 신호가 입력이 되면 특징을 담당하는 은닉층의 H1과 H2로부터 가중치가 높은 신호를 받으면 '0'으로 계산을 할 확률이 높아지게 된다. 이 경우에 화상 '1'의 특징 패턴인 ① 또는 ②를 가질 확률이 높게 되고 이러한 확률을 계산하게 된다.

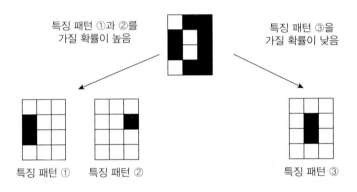

그림 3-84　특징 패턴에 따른 확률의 계산

마찬가지로 '1'을 판단을 담당하는 Y2에는 특징 패턴 ③의 검지를 담당하는 H2로부터 특징 패턴③과 같은 가중치가 높은 신호를 받으면 '1'로 판단을 할 확률이 높아지게 된다. 다음 그림 3-84와 같이 은닉층과 출력층의 역할을 다시 나타내었다.

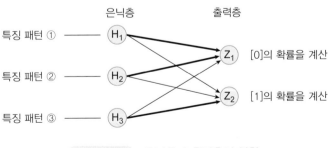

그림 3-85　은닉층과 출력층의 역할

이상으로부터 '0'의 화상이 입력이 되었을 때 신경망을 흐름을 나타내면 다음 그림 3-85와 같게 된다.

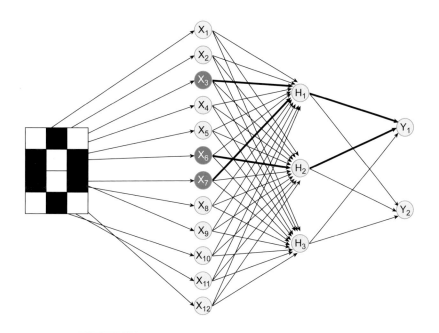

그림 3-86   '0'의 화상이 입력이 되었을 때 신경망을 흐름

굵은 화살표는 가중치가 높은 것을 의미하고 출력층의 Y2 뉴런에서 '0'인 확률 이 높기 때문에 '0'으로 판정을 하게 된다. 이와 같은 신경망을 정해 라벨의 훈 련 데이터를 이용하여 판정(예 손글씨를 인식)을 하는 지도학습 알고리즘에 이용할 수 있게 된다.

3.8.3 ▶ 신경망의 학습

입력층에서 입력데이터를 받고 각 층을 통하여 신호를 전파를 하는 신경망에서는 적응 가능한 가중치와 바이어스 패러미터가 있고, 이 패러미터를 훈련데 이터에 적응하도록 조정하는 것을 학습이라고 한다. 신경망 학습 알고리즘의 일반적인 순서는 다음과 같다.

(1) 미니배치

훈련 데이터 가운데 무작위로 일부의 데이터를 선택(minibatch)하는 절차를 의미를 하고, 반드시 필요한 과정은 아니고 데이터가 많은 경우에 학습에 소요 되는 시간을 절약하기 위해서 사용을 한다. 미니배치의 손실함수의 값을 줄이 는 것이 목적이다.

(2) 경사의 산출

미니배치의 손실함수를 줄이기 위해서 가중치와 바이어스의 경사(기울기)를 계산한다.

(3) 패러미터의 갱신

가중치 패러미터를 경사(기울기) 방향으로 미소량만을 갱신을 한다.

(4) 반복

(1)~(3) 단계를 반복하여 가중치와 바이어스의 변화가 충분히 작아지면(모델 의 출력과 정해 데이터의 차이가 충분히 작아지면) 학습을 종료를 한다. 이후 에 훈련 데이터와 구분한 평가(test) 데이터를 사용하여 학습 알고리즘을 평가 를 한다.

출력층 이외의 층이 2개 이상인 신경망을 심층 신경망(deep neural network)라고 한다. 심층 신경망에서 경사하강법을 이용하여 패러미터를 계산(훈련, 갱신)할 경우에 층이 깊어질수록 2가지 문제가 발생한다.

하나는 기울기가 점점 커져 학습이 잘 되지 않는 경사 폭발(exploding gradient) 문제다. 이는 gradient clipping 또는 L1, L2 정칙화(Regularization)를 이용하여 해결을 할 수가 있다.

반대로 기울기가 너무 작아져 학습이 일어나지 않는 경사 소실(vanishing gradient)문제가 있다. 이런 문제는 ReLU 활성화 함수를 사용하거나 LSTM (long short term memory), 잔차 뉴럴 네트워크(skip connections with residual neural network)등으로 해결할 수가 있다. 이러한 방법을 이용하여 현재는 수백층의 모델에서 학습이 가능하게 되었다.

3.8.4 역전파법

숨겨진 층을 증가시키면 보다 복잡한 함수를 표현하는 것이 가능하게 되지만 신경망을 깊이 할수록 오차가 최후까지 바르게 반영되지 않는 문제가 발생하게 되는데, 이로 인하여 층을 증가시키면 네트워크의 정확도가 증가하지 않고 오히려 낮아지는 경우가 발생할 수 있게 된다. 이는 미분을 하면 원래 함수보다 작아지는 Sigmoid 함수의 특성으로 인한 것이다. 모델의 예측 결과와 실제의 정해치와의 오차를 네트워크에 역방향으로 피드백을 시킨 형태로 네트워크의 가중치를 갱신하는 것이 역전파법(backpropagation)이라고 한다. 역전파법은 모든 심층신경망의 학습에서 매우 중요하다.

입력층, 숨겨진층, 출력층의 3층으로 된 신경망의 예는 그림 3-86과 같다.

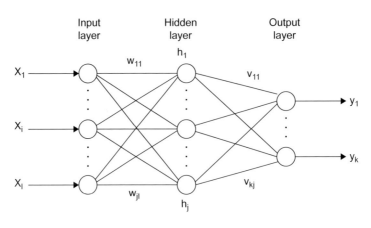

그림 3-87 신경망의 예

입력층으로부터 숨겨진층까지 출력을 표시하면 $h = f(Wx + b)$이 되고, 출력층의 출력은

$$y = g(Vh + c) \tag{3.74}$$

가 된다.

패러미터를 학습하기 위한 오차 함수는

$$E = E(W, V, b, c) \tag{3.75}$$

로 나타낼 수 있고, N개의 데이터에 대한 오차 함수는 $E = \sum_{n=1}^{N} E_n$ 이 된다. 각 층의 활성화 전의 값을 각각

$$p = Wx + b \tag{3.76}$$

$$q = Vh + c \tag{3.77}$$

라고 하면, $W = (w_1, w_2 \cdots w_j)^T$ 및 $V = (v_1, v_2 \cdots v_k)^T$에 대하여

$$
\begin{cases}
\dfrac{\partial E_n}{\partial w_j} = \dfrac{\partial E_n}{\partial p_j}\dfrac{\partial p_j}{\partial w_j} = \dfrac{\partial E_n}{\partial p_j}x \\[3mm]
\dfrac{\partial E_n}{\partial b_j} = \dfrac{\partial E_n}{\partial p_j}\dfrac{\partial p_j}{\partial b_j} = \dfrac{\partial E_n}{\partial p_j}
\end{cases}
\tag{3.78}
$$

$$
\begin{cases}
\dfrac{\partial E_n}{\partial v_k} = \dfrac{\partial E_n}{\partial q_k}\dfrac{\partial q_k}{\partial v_k} = \dfrac{\partial E_n}{\partial q_k}h \\[3mm]
\dfrac{\partial E_n}{\partial c_k} = \dfrac{\partial E_n}{\partial q_k}\dfrac{\partial q_k}{\partial c_k} = \dfrac{\partial E_n}{\partial q_k}
\end{cases}
\tag{3.79}
$$

이 되고, $\dfrac{\partial E_n}{\partial p_j}$ 및 $\dfrac{\partial E_n}{\partial q_k}$를 구하면 각 패러미터의 경사를 구할 수 있게 된다.

또한

$$
\begin{aligned}
\frac{\partial E_n}{\partial p_j} &= \sum_{k=1}^{K} \frac{\partial E_n}{\partial q_k}\frac{\partial q_k}{\partial p_j} \\
&= \sum_{k=1}^{K} \frac{\partial E_n}{\partial q_k}\big(f^{'}(p_j)v_{kj}\big)
\end{aligned}
\tag{3.80}
$$

의 관계로부터 미분값을 구할 수 있다.

$$
\delta_j = \frac{\partial E_n}{\partial p_j} \text{ 및 } \delta_k = \frac{\partial E_n}{\partial q_k}
\tag{3.81}
$$

라고 하면, δ_k 및 δ_j는 오차(error)를 의미하게 된다.

$$
\delta_j = f^{'}(p_j)\sum_{k=1}^{K} v_{kj}\delta_k
\tag{3.82}
$$

로 나타낼 수 있고, 모델의 출력을 고려하면 입력층으로부터 출력의 방향으로 네트웍의 흐름을 생각할 수 있지만, 경사(기울기, gradient)를 생각하면 그림 3-87과 같이 δ_k가 네트웍의 역방향으로 전파되는 것으로 생각할 수 있다. 이렇게 오차의 계산은 역방향으로 하게 되는 것을 역전파법(backpropagation)이라고 한다. 전술한 바와 같이, 오차역전파법은 모든 심층신경망 모델에서 매우 중요하다.

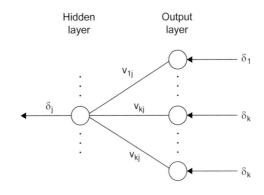

그림 3-88   오차역전파법의 개념도

신경망을 통과해서 얻은 출력값에는 오차가 포함되어 있고, 최종적으로 얻는 오차는 많은 계산 단계에서 합산이 된 것이다. 각 계산 과정마다 어느 정도의 오차가 발생했는지를 파악을 하면 계산할 수 있으면 계산 단계를 수정할 수 있게 된다. 오차가 크게 발생한 원인(부분)을 많이 바꾸게(학습)할 수 있으면 학습 효율을 개선할 수 있다. 수치 미분 대신에 오차역전파 기법을 사용하여 고속으로 변화율을 계산할 수가 있게 되어 딥러닝이 크게 발전하게 되었다. 오차역전파법은 계산 그래프(computational graph)를 이용하여 미분을 빠르게 할 수 있는 알고리즘으로 적은 출력에 대하여 많은 입력이 있는 경우에 매우 편리한 방법이다.

오차역전파법은 미분 연쇄율(chain rule)을 이용하여 이해할 수 있다. 오차역전파법은 reverse mode differential 이론을 이용한 것이고 날씨 예보, 수치적 안정성 연구 등 다양한 분야에서 사용되는 매우 편리한 계산 도구이다. 기본적으로 reverse mode differential 이론은 미분의 계산을 빠르게 하기 위한 것이기 때문에 딥러닝뿐만 아니고 다양한 계산법이 필요한 곳에서 사용할 수 있는 중요한 방법이다.

계산그래프[15]를 이용하여 오차역전파법을 다음과 같이 이해를 할 수 있고, 계산그래프는 수식을 시각적으로 생각할 수 있는 아주 편리한 수단이다. 예를 들어 $e = (a + b)*(b + 1)$이라는 수식이 있다고 하면, 덧셈 2개와 곱셈 1개의 3개의 연산이 있다. 이때, 계산의 중간과정 결과를 가지는 c와 d 2개의 변수를 추가로 생성한다. 이렇게 하면 모든 함수의 출력을 변수로 생각할 수 있게 된다.

$$c = a + b$$
$$d = b + 1$$
$$e = c \times d$$

입력 변수에 따라 이러한 연산을 마디(node)와 경로(path)로 해서 다음 그림 3-88과 같은 계산 그래프를 만들 수 있다.

---

15. https://colah.github.io/posts/2015-08-Backprop/

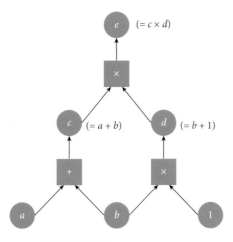

그림 3-89   계산그래프의 예

입력변수에 주어진 값을 대입하여 그래프의 아래에서 위로 마디를 계산하여 올라가면 이 식에 의한 값을 구할 수 있게 된다. 예를 들어 $a = 2$, $b = 1$이라고 하면 이 식의 값은 다음 그림 3-89와 같이 6이 된다.

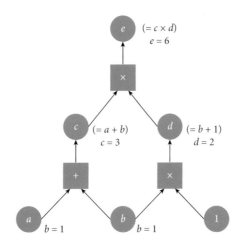

그림 3-90   계산그래프의 예

다음에는 계산 그래프의 미분을 이해하도록 하고, 이를 위해서는 변(edge)의 미분을 이해하는 것이 필요하다. 만일 a가 직접적으로 c에 작용을 한다고 하면 a를 조금 변화를 시키면 c도 변화를 하게 되고, 이는 a에 대한 c의 편미분으로 나타낼 수 있다.

이 그래프에서 필요한 편미분을 구하면

$$\frac{\partial}{\partial a}(a+b) = \frac{\partial a}{\partial a} + \frac{\partial b}{\partial a} = 1$$

$$\frac{\partial}{\partial c}(c \times d) = c\frac{\partial d}{\partial c} + d\frac{\partial c}{\partial c} = d$$

이 되고, 각 변에 미분계수를 나타내면 그림 3-90(a)와 같이 나타낼 수 있다.

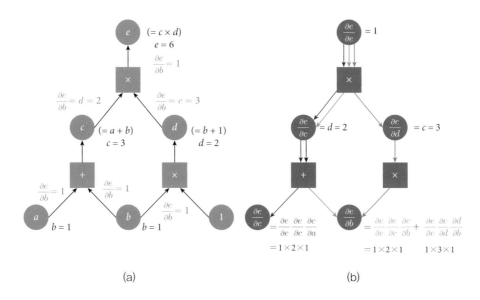

그림 3-91　(a) 계산 그래프에 나타낸 미분 계수 및 (b) Reverse mode differential

이러한 계산 그래프에서의 Reverse mode differential를 이용하면, 각 변수(마디)에 대한 e의 미분계수를 효과적으로 계산할 수 있다. Reverse mode differential이란 거꾸로 그래프의 출력부터 시작하여 마디에서 발생한 모든 경로를 합쳐 가면서 시작(입력)으로 이동하는 것이다(그림 3-90(b)). 예를 들면, $\frac{\partial e}{\partial b}$를 Reverse mode differential을 이용하여 구하고자 한다면, 그림 3-90(a)의 그래프로부터 변수 e의 마디로부터 변수 b 마디까지 가는 경로에 있는 각 변의 미분계수를 모두 곱하면 된다. 경로가 나뉘어지는 경우에는 미분계수를 합하면 된다. 예를 들어 b에 대한 e의 미분계수는 다음과 같이 구할 수 있다.

$$\frac{\partial e}{\partial b} = \left(\frac{\partial e}{\partial e} \times \frac{\partial e}{\partial c} \times \frac{\partial c}{\partial b} \right) + \left(\frac{\partial e}{\partial e} \times \frac{\partial e}{\partial d} \times \frac{\partial d}{\partial b} \right) = 1 \times 2 \times 1 + 1 \times 3 \times 1$$

이는 b가 c와 d를 통하여 어떻게 e에 작용하는지를 나타내는 것이고, 다변수의 연쇄율(chain rule)을 생각하는 또 다른 방법이 된다.

뉴럴네트워크에서는 패러미터가 100만 또는 1,000만개가 있는 것도 드문 일이 아니다. 이 경우, reverse mode differential(뉴럴네트워크에서는 back propagation이라고 함)을 사용하여 속도를 크게 높일 수 있게 된다.

3.8.5 ▶ 합성곱 신경망(Convolution Neural Network: CNN)

합성곱(convolution)은 함수 f가 다른 함수 g 위를 지나가면서 합성곱된 부분을 element-wise multiplication으로 연산한 뒤 각 구간별 적분을 나타낸 것이다.

$$(f*g)(t) = \int_{-\infty}^{\infty} g(\tau)f(t-\tau)d\tau \tag{3.83}$$

f 또는 g는 convolution에서는 함수를 나타내지만 convolution neural network 에서는 이미지를 나타낸다. t는 시간을 의미하지만 이미지 프로세싱에서는 위 치를 의미를 한다.

화상에 대하여 convolution operation(합성곱 조작)을 한 예를 표 3-2에 나타내 었다. 원래 화상의 픽셀수가 225×400일 경우이고 여기에 3×3의 다음과 같은 필터를 이용하여 합성곱(convolution)을 한 결과는 표 3-46와 같다.

표 3-46 Convolution operation에 의한 화상 처리의 예

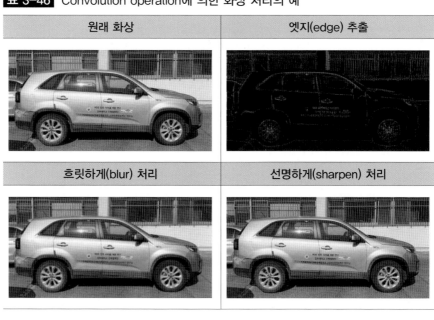

원래 화상	엣지(edge) 추출
흐릿하게(blur) 처리	선명하게(sharpen) 처리

$$\begin{bmatrix} -1 & -1 & -1 \\ -1 & 8 & -1 \\ -1 & -1 & -1 \end{bmatrix} \qquad \begin{bmatrix} 1 & 2 & 1 \\ 2 & 4 & 2 \\ 1 & 2 & 1 \end{bmatrix} \qquad \begin{bmatrix} 0 & -2 & 0 \\ -2 & 255 & -2 \\ 0 & -2 & 0 \end{bmatrix}$$

(a) edge　　　　　　(b) blur　　　　　　(c) sharpen

이 예제에서는 이미지의 한 부분이 서로 비슷한 색상을 갖고 있으면 서로 상쇄를 시켜줘서 0값이 되지만, sharp-edge 부분을 만나게 되면 색상차이가 커져서 해당 부분의 합성곱 값이 높아지게 된다. 표 3-46에서 차의 윤곽 부분의 값이 높아진 것을 알 수 있다. 다음 표 3-47에서 코드를 나타내었고, 여기서 scipy는 기계학습 알고리즘을 포함하는 과학 계산에 사용되는 오픈 소스 파이썬 라이브러리를 의미한다. 입력된 화상에 대하여 convolution 계산을 합성곱 계산을 한 결과를 convolved feature라고 한다.

일반적으로 필터의 갯수가 많아질수록, 이미지에서 뽑아내는 features들의 갯수가 늘어가게 되며, 좀 더 복잡한 문제를 해결하는 네트워크이 가능하게 된다. Convolved feature(convolution 연산을 통해 나온 output)는 다음의 parameters들에 의해서 결정 된다.

Depth는 filter의 개수를 의미하고, stride는 합성곱 연산시 input 이미지 위를 filter가 지나가면서 연산을 하게 되는데, 이때 이동하는 pixel의 갯수를 의미한다. Padding은 화상 데이터 주변에 데이터를 추가하는 것을 말한다. padding을 이용하여서 합성곱 연산에서 데이터의 크기가 줄어드는 것을 막을 수 있다.

Convolution 연산의 목적은 입력 이미지에서 가장자리와 같은 고차원 속성(high-level feature)을 추출하는 것으로 일반적으로 첫 번째 합성곱 층은 가장자리, 색상, 그라디언트 방향 등과 같은 저수준 기능을 검출하는 역할을 수행하고, 합성곱의 층이 늘어날수록 고수준의 속성을 검출할 수 있다.

표 3-47 화상의 convolution filter 예제

```python
import numpy as np
import scipy
import matplotlib.pyplot as plt
from PIL import Image
from IPython.display import display

def norm (ar):
    return np.uint(255 *np.absolute)

def scipy_convolve (pic, f, mode, title = None ):
    h = scipy.signal.convolve2d(pic,f, mode = 'same')
    filtered_pic = Image.fromarray(norm(h))
    display(fillterd_pic) # import 해야함
    print (f '[{title}] pic size : {h.shape}')
    print ()

pic = Image.open('car.jpg').convert('L')
display(pic)
pic = np.array(pic)

print ('[original image] pic size:', pic.shape)

f_edge = np.array([[-1 ,-1 ,-1 ],[-1 ,8 ,-1 ], [-1 ,-1 ,-1 ]])
f_blur = np.array([[1 ,2 ,1 ], [2 ,4 ,2 ], [1 ,2 ,1 ]])
f_sharpen = np.array([[0 ,-2 ,0 ], [-2 ,255 ,-2 ], [0 ,-2 ,0 ]])

scipy_convolve(pic, f_edge, mode = 'same', title = 'Edge Detection')
scipy_convolve(pic, f_blur, mode = 'same', title = 'Blur
Detection')scipy_convolve(pic, f_sharpen, mode = 'same', title =
'sharpen Detection')
```

화상의 분류 문제 등에서 예를 들어 1000 유닛의 층을 1개를 추가하면 100만 개 이상의 패러미터를 추가하게 되어 다층퍼셉트론으로는 해결할 수가 없게 된다. 신경망의 1개의 유닛은 이전 층이 가지고 있던 모든 유닛과 대응이 된다. 1000개 유닛을 가진 층이 추가되고 이전 층이 가지고 있던 층의 유닛이 1000개였다면, 1,000(새로운 층의 유닛의 수) × 1,000(이전 층의 유닛의 수) = 1,000,000개의 패러미터가 최소한 필요하다. 화상 데이터는 각 픽셀이 특징이 되기 때문에 일반적으로 화상 데이터의 훈련은 고차원의 입력을 받고 패러미터의 수가 많이 필요하다. 즉 100 × 100 픽셀이면 10,000개의 특징변수 벡터가 된다. CNN은 FFNN의 특수한 형태로서 많은 유닛의 딥러닝 네트워크의 패러미터의 수를 대폭 줄여도 모델의 품질을 떨어지지 않도록 하는 것이 가능하다. 인접한 정보가 많은 경우(예 하늘, 물, 잎사귀, 털, 벽돌 등)에는 같은 정보로 인식이 되고 그렇지 않으면 경계(edge)가 있게 된다. 같은 정보가 있는 부분과 엣지가 있는 부분의 인식을 각각 할 수 있도록 하는 알고리즘이다.

신경망을 학습시켜 같은 정보를 갖고 있는 부분과 엣지 부분을 각각 인식할 수 있게 되면 이러한 인식 정보를 바탕으로 화상 중에서 어떤 물체를 예측하는 것이 가능하게 된다. 화상 중에서 중요한 정보는 국소적으로 존재하는 것으로 생각을 하여 화상을 작은 단위의 화상으로 쪼개고, 하나씩 이동하여 분석한다. 이때 작은 단위의 화상을 patch라고 정의하자. patch의 패턴을 검출하기 위하여 필터와 합성곱을 한다. 예를 들어 Patch 행렬 P('+' 자 패턴)를 다음과 같이 가정을 하면

$$P = \begin{bmatrix} 0 & 1 & 0 \\ 1 & 1 & 1 \\ 0 & 1 & 0 \end{bmatrix}$$

이고, 패턴을 검출하기 위해 3 × 3 행렬인 필터F와 합성곱 한다.

P와 F를 합성곱(convolution) 계산을 하기 위해서 F를 다음과 같이 가정하면

$$F = \begin{bmatrix} 0 & 2 & 3 \\ 2 & 4 & 1 \\ 0 & 3 & 0 \end{bmatrix}$$

합성곱의 결과는 다음과 같다. 합성곱 연산자는 행수와 열수가 같은 행렬에만 정의를 한다.

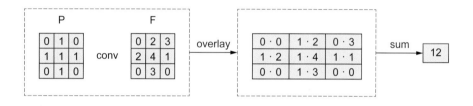

P가 다른 패턴('L' 자일 경우)

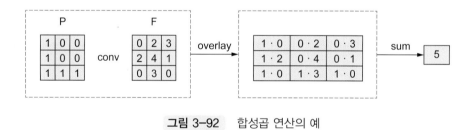

그림 3-92 합성곱 연산의 예

Patch가 filter와 비슷하면 합성곱의 결과는 큰 값을 얻게 된다. 활성화 함수로 비선형성을 가하기 전에, 각 필터 F에 대한 바이어스 패러미터 b를 합성곱 값에 더한다. CNN의 1개의 층은 복수의 합성곱 필터로 되어 있고 각각의 필터에는 고유의 바이어스 패러미터가 있다. 이 점은, 일반적인 신경망층 1개의 층이 복수의 유닛으로 구성된 것과 비슷하다. 최초의 층에서 각각의 필터는 화상

을 좌에서 우로 그리고 위에서 아래로 슬라이드를 하고 이 조작을 중첩 합성곱
이라고 한다. 합성곱 계산을 필요에 따라 반복적으로 수행을 하게 된다.

1개의 필터가 화상 데이터 위에서 중첩 합성곱을 하는 예(6단계)는 다음 그림
3-92과 같다. 각 층의 각 필터에서 필터 행렬과 바이어스 값은 훈련으로 결정
되는 패러미터이고, 오차역전파법을 이용한 경사하강법으로 최적화(학습)를
하게 된다. 합성곱 값과 바이어스의 합에 대하여 비선형성을 적용하기 위해서
활성화 함수를 적용한다. 일반적으로 숨겨진 층에서의 활성화 함수로는 ReLU
를 적용하고, 출력층의 활성화 함수는 그 목적에 따라 다르게 적용한다. 각층 l
에 대하여 sizel 개의 필터를 갖는 것이 가능하기 때문에 합성곱 층 l의 출력은
sizel 개의 행렬이 된다. 행렬의 요소 하나가 각 필터에 대응을 한다.

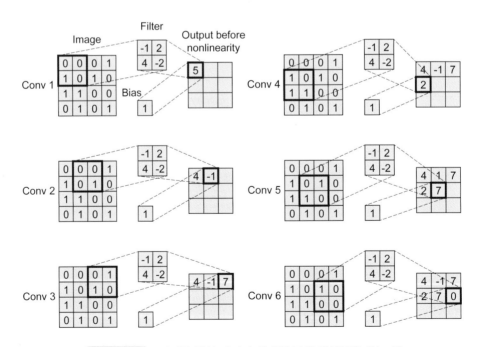

그림 3-93   필터를 화상 데이터 위에서 중첩 합성곱을 하는 예

CNN에서 새로운 합성곱층 제 l+1층은 이전 층인 제 l층의 sizel개 화상 행렬집합(collection)으로 처리한다. 이러한 집합을 volume이라고 하고 집합의 크기를 볼륨의 깊이라고 한다. 제 l+1층의 각 필터는 제 l층의 볼륨을 합성곱한다.

하나의 볼륨에 대하여 하나의 patch의 의한 합성곱은, 그 체적을 구성하는 각 행렬의 같은 장소에 대하여 patch의 합성곱을 수행한 결과의 단순한 합이 된다. 깊이 3의 볼륨에 대하여 하나의 patch의 합성곱을 나타내면 다음 그림 3-93과 같다.

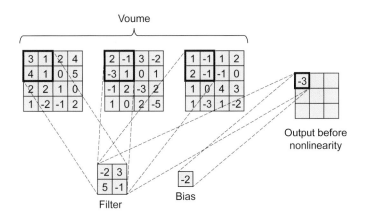

그림 3-94　　깊이 3의 볼륨에 대하여 하나의 patch의 합성곱을 나타낸 예

컴퓨터비젼 분야에서 많은 경우, 화상이 RGB의 3개의 채널로 표현되어 있기 때문에 CNN의 입력으로 볼륨을 주게 된다. 합성곱에서는 stride와 padding이 중요하고, Stride는 moving window의 이동의 단수를 의미한다. Padding은 큰 출력 행렬을 얻을 수 있도록 하는 것으로 필터로 합성곱을 하기 전에 화상(또는 볼륨)의 주위에 추가하는 정사각형 셀의 폭이다. 패딩으로 추가한 셀의 값

은 보통 0으로, 패딩이 크면 출력 행렬도 커진다. 패딩은 보다 큰 필터가 필요할 때 역할을 하고, 화상의 주변(경계)을 잘 스캔하는 것이 가능하게 된다.

Pooling은 CNN에서 매우 많이 사용되는 방법으로 합성곱과 유사한 구조로 moving window 방식을 사용하여 필터로 작용을 한다. Convolutional layer와 유사하게 pooling layer는 convolved feature의 공간 크기를 줄이는 역할하고, 차원 감소를 통해 데이터를 처리하는 데 필요한 계산 부담을 줄이기 위한 것이 목적이다.

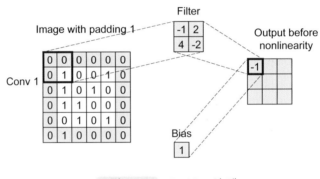

그림 3-95   Padding의 예

또한, 회전과 위치가 불변인 중요한 속성을 추출 하여 모델의 훈련 과정을 효율적으로 유지하는 데 유용하다. 단, 플링층의 입력 행렬 및 볼륨에 대하여 학습 가능한 필터를 적용하는 것이 아니고 고정된 연산자를 적용한다. 많이 사용되는 연산자는 max나 평균이고, 합성곱과 같은 모양으로 풀링도 하이퍼 패러미터(필터의 크기와 스트라이드)를 갖고 있다. 최대 풀링은, 커널에서 다루는 이미지 부분에서 최대 값을 반환하고, 평균 풀링은 커널에서 다루는 이미지 부분에서 모든 값의 평균을 반환을 한다. 최대 풀링은 노이즈 억제 기능도 하게 된다. 일반적으로 풀링층은 합성곱층의 다음에 위치하고 합성곱층으로부터 출력을 입력으로 받는다. 볼륨에 풀링을 적용할 때는 각 볼륨의 행렬이 다른 것과는 관계없이 처리가 된다. 여기서 볼륨에 적용된 풀링층으로부터의 출력은 입력과 같은 깊이의 볼륨이 된다. 풀링은 하이퍼 패러미터만을 갖고 학습해야 하는 패러미터를 갖지는 않는다. 실용적으로는 필터의 크기는 2 또는 3으로 스트라이드는 2를 사용한다. 풀링의 연산자는 평균보다는 일반적으로 더 좋은 결과를 얻을 수 있어 최대치를 많이 사용한다. 풀링은 많은 경우, 모델의 정확도 향상에 역할을 하고, 뉴럴네트워크의 패러미터의 수를 줄이는 효과가 있기 때문에 학습의 속도를 높일 수 있다. 다음 예는 크기 2의 필터와 스트라이드 2를 사용한 max 연산자에 의한 풀링을 나타내고 패러미터의 수가 16에서 4가 되어 75%가 줄어든 것을 알 수 있다.

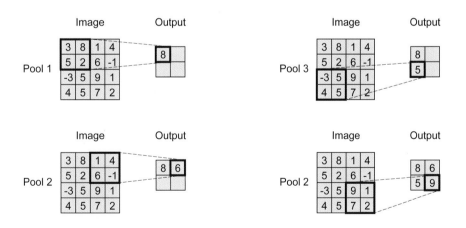

그림 3-96 최대 풀링의 예

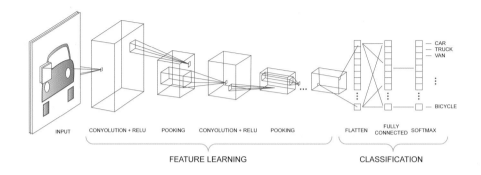

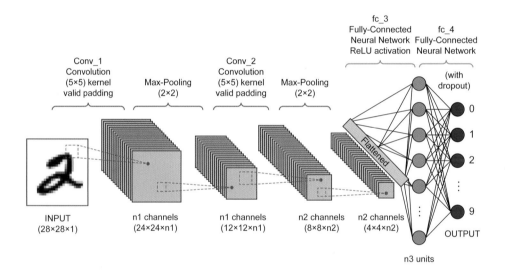

그림 3-97   CNN의 구성 예(출처 : towardsdatascience.com)

이와 같은 신경망을 이용하여 화상을 통하여 영상 및 문서 등을 인식(분석)이 가능하게 되어 정보의 입력이 용이해짐에 따라 인공지능이 비약적으로 발전을 하게 되었다. 정보(자료)를 1차원 벡터화하는 것이 가능하여 필기체, 음성 등 자연어 처리에도 활용을 하게 되었다.

다음 예제는 숫자를 분류하는 코드(표 3-48)이고, 이미지 분류 목적으로 많이 응용 될 수 있는 사례이다. 그림 3-97는 손글씨 이미지를 CNN이 읽고 분류한 숫자 값의 예시를 보여준다.

표 3-48 CNN을 이용한 숫자 분류 예시코드

```python
# Keras의 Simple MNIST CNN 튜토리얼 기반 코드(Author: Fchollet)

import numpy as np
from tensorflow import keras
from tensorflow.keras import layers
import matplotlib.pyplot as plt

# 데이터 준비, 0~9 글씨 이미지 데이터
digit_classes = 10 #0~9
image_shape = (28 , 28 , 1 ) # 이미지 크기

# 학습 및 테스트 데이터 불러오기
(x_mnist_train, y_mnist_train), (x_mnist_test, y_mnist_test) =
keras.datasets.mnist.load_data()
# 이미지를 0에서 1사이 값으로 변환
x_mnist_train = x_mnist_train.astype("float32") / 255
x_mnist_test = x_mnist_test.astype("float32") / 255
x_mnist_train = np.expand_dims(x_mnist_train, -1 )
x_mnist_test = np.expand_dims(x_mnist_test, -1 )
# 학습데이터 예시출력
plt.imshow(np.squeeze(x_mnist_train[0 ]),cmap='gray')
plt.show()

# 바이너리 클래스 어레이 생성
y_mnist_train = keras.utils.to_categorical(y_mnist_train, digit_classes)
y_mnist_test = keras.utils.to_categorical(y_mnist_test, digit_classes)
print ('train input and output shapes :', x_mnist_train.shape,
        y_mnist_train.shape)
```

```
print ('test input and output shapes :', x_mnist_test.shape,
        y_mnist_test.shape)
print ('Output vector of the plotted example:', y_mnist_train[0 ])
# 인공신경망 모델
model = keras.Sequential(
    [
        keras.Input(shape=image_shape),
        layers.Conv2D(16 , kernel_size=(3 , 3 ), activation="relu"),
        layers.MaxPooling2D(pool_size=(2 , 2 )),
        layers.Conv2D(32 , kernel_size=(3 , 3 ), activation="relu"),
        layers.MaxPooling2D(pool_size=(2 , 2 )),
        layers.Flatten(),
        layers.Dropout(0.5 ),
        layers.Dense(digit_classes, activation="softmax"),
    ]
)

# 모델 설정 및 학습
model.compile(loss="categorical_crossentropy",optimizer="adam",
            metrics=["accuracy"])
model.fit(x_mnist_train,y_mnist_train,batch_size=8,epochs=2,
validation_split=0.1 )

# 모델 테스트 및 예시 출력
score = model.evaluate(x_mnist_test,y_mnist_test,verbose=0 )
print ("Test accuracy:", score[1 ])
prediction = model.predict(x_mnist_test)
plt.imshow(np.squeeze(x_mnist_test[0 ]), cmap='gray')
plt.annotate('CNN classification :'+str (np.argmax(prediction[0 ])),
            (1.0 ,2.0 ), fontsize=16 , color='white')
plt.show()
```

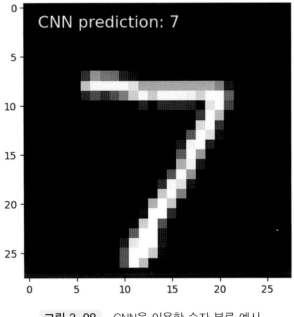

그림 3-98   CNN을 이용한 숫자 분류 예시

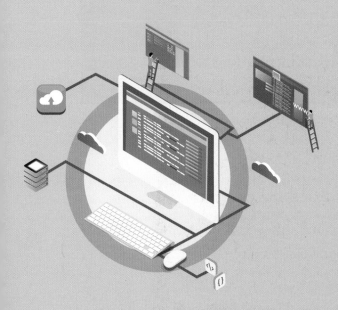

## CHAPTER 4

머신 러닝의 실현

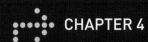

4.1 머신 러닝에 필요한 하드웨어와 소프트웨어

본 교재를 통하여 파이썬과 머신러닝을 처음 학습한 이후에, 심화하여 머신러 닝을 실제로 구현하기 위해서는 어떻게 해야 하는지에 대하여 알아보도록 한 다. 머신러닝을 포함하는 인공지능의 기술 발전은 매우 빠르고 현시점(2020년 자료 중심)에서 머신러닝을 실현하기 위한 단계는 다음과 같이 생각할 수 있다.

하드웨어부터 소프트웨어까지 네 단계로 구분을 하여 생각을 해 보면

(1) 반도체와 서버를 포함하는 하드웨어

(2) 일반적으로 오픈 소스(무료)인 framework이라고 하는 기계학습 라이브 러리

(3) 일반적으로 유료 서비스인 인공지능 플랫폼(platform)

(4) 인공지능 application 소프트웨어

등으로 구분을 할 수 있다. 이 가운데 세 번째 단계인 인공지능 platform은 기 업에서 대량의 데이터를 이용하여 학습을 한 후에 연구 개발 등 기업 활동에 활용하기 위한 것으로 머신러닝 공부를 위해서는 당장은 이 단계는 고려를 하 지 않아도 된다.

첫 번째 단계는 반도체와 서버 등 하드웨어로 구성된 단계이다. 일반적인 구 현을 위해서 사용하는 개인용 컴퓨터(PC)를 생각할 수 있다. GPU(Graphic processor unit)가 없는 컴퓨터를 사용해도 되지만 GPU 사용을 염두에 둔 예

제 코드(Toy program)들도 있기 때문에 GPU의 필요 여부를 확인해 볼 필요는 있다.

머신러닝의 수행(훈련 및 검증)을 위해서는 일반적으로 많은 데이터를 이용하여 고속으로 계산을 수행할 필요가 있기 때문에, 고속 연산에는 GPU, FPGA (field programmable gate array), ASIC(application-Specific Integrated Circuit)과 같은 고속 처리 프로세서를 사용하기도 한다. IoT(Internet of things(사물인터넷))를 이용해서 머신러닝 계산 등 처리를 할 경우에 통신 요금과 속도 등 문제를 해결하기 위해서 Cloud를 많이 사용하고 있기도 하고, 이 때 최대한 가까운 클라이언트 컴퓨터에 콘텐츠를 저장하여 대기 시간을 줄이고 페이지 로드 시간을 개선하기 위해서 사용하는 edge server를 활용하기도 한다.

따라서 첫 번째 단계에서 사용하는 하드웨어로는, 일반적인 PC 또는 NVIDIA GPU, Google TPU(tensor processing unit), FPGA, ASIC 등과 같은 고속 처리 프로세서, 그리고 많은 데이터를 처리하기 위한 Cloud, Edge 서버 등을 생각할 수 있다. 이와 같은 하드웨어가 자동차의 차체라고 생각을 하면 프레임웍 (framework)은 엔진에 해당이 된다고 할 수 있다.

두 번째 단계는 머신 러닝 framework이고 이를 머신 러닝 라이브러리라고도 한다. 이들 라이브러리는 Open source로서 무료인 경우가 대부분이다. 예를 들어 Google Tensorflow, Microsoft Cognitive toolkit, Amazon mxnet, Baidu PaddlePaddle, Facebook caffe2, Facebook Pytorch, Keras, DL4J, Chainer, Salesforce PredictionIO 등이 있다.

세 번째 단계는, 머신러닝 platform으로 라이브러리를 사용하여 사용자가 머신러닝을 할 경우에 이용하는 서비스를 말한다. 거의 대부분이 클라우드 기반의 유료 서비스이다. 예를 들어 SalesForce Einststein, IBM Watson, Apple CoreML, Oracle Adaptive Intelligence, Google Cloud ML, Microsoft Cognitive Services, Amazon ML, NVIDIA GPU Cloud 등이 있다.

마지막인 네 번째 단계에서는, 사용자가 머신러닝 프레임웍(라이브러리)를 이용하여 목적에 따른 머신러닝을 수행한다. 본 교재를 통하여 공부한 모든 파이썬 코드들과 같은 것들이 이 단계에 해당된다.

다음 그림 4-1에는 컴퓨터 계층적 구조와 머신 러닝의 네 단계를 비교하였고, 이를 통하여 지금까지 알아본 머신러닝을 실현하기 위한 네 단계에 대한 이해를 할 수 있다.

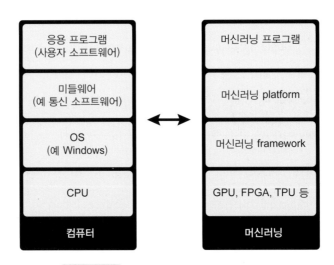

그림 4-1　머신러닝을 구현하기 위한 단계

4.2 머신러닝 프레임웍

앞에서 살펴본 네 단계의 머신러닝에 필요한 하드웨어 및 소프트웨어 가운데 머신러닝 프레임웍(framework)에 관하여 좀 더 자세히 알아보도록 한다. 심층 신경망(deep neural network) 알고리즘을 사용하여 딥러닝을 하기 위한 Open source license(OSS)인 툴(tool)로는 다음 표 4-1과 같은 것들이 있다. 라이선스 는 상대적으로 낮은 규정을 적용하고 있어 사용자가 거의 자유롭게 사용할 수 있도록 되어 있어 머신러닝의 실현 및 실제 문제에 적용을 하는데 많은 도움이 되고 있다.

표 4-1 딥러닝을 하기 위한 Open source license tool

라이브러리	개발 및 지원	라이선스	발표
Caffe, Caffe2	Facebook	BSD	2013/7
DL4J	Skymind	Apache	2014
Keras	Google etc	MIT	2015
Cahiner	Preferred Networks	MIT	2015
Tensorflow	Google	Apache	2015
Torch, Pytorch	Facebook	BSD	2002/17
Cognitive toolkit	Microsoft	MIT	2016
PaddlePaddle	Baidu	Apache	2016
MXNET	Amazon	Apache	2016

이 가운데 많이 알려져 있는 Keras와 Tensorflow의 단계를 비교하면 다음 그림 4-2와 같고, Keras는 Tensorflow를 좀 더 사용하기 편하도록 해주는 wrapper라고도 한다.

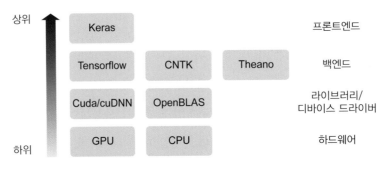

그림 4-2   딥러닝에 사용되는 Keras와 Tensorflow의 단계

본 교재를 통하여 파이썬과 머신러닝에 대한 기초적인 이해를 한 후에 참고 자료 또는 인터넷에 공개된 다양한 예제(토이 프로그램)를 이용하여 머신러닝에 대한 알고리즘 공부를 심화하여 하도록 한다. 그리고 이후에 오픈 소스인 머신 러닝 프레임웍 코드를 사용하여 딥러닝과 같은 머신러닝을 실제로 구현하여 보도록 한다. 머신러닝 코드(프로그램)를 작성하고 실행을 하는 사람을 프로그래머(programmer)라고 하지 않고 실무자 또는 전문가를 뜻하는 Practitioner 라고 하기도 한다.

기계학습 용어

1. auc(area under the roc curve)

분류 모델의 성능 평가에 많이 사용되는 기법. ROC(Receiver operating characteristic, 수신자 조작 특성) 곡선은 위양성율(false positive rate)과 진양성율(true positive rate)의 관계를 나타내는 곡선으로써, 분류 성능을 가시적으로 표시한 것. ROC 곡선은 비교적 이해가 쉽고 분류 방법을 복수의 관점에서 정리하는 것이 가능하기 때문에 넓게 사용됨

2. accuracy(정확도)

분류 모델이 어느 정도 좋은지를 나타내는 척도로서, '분류된 데이터의 합계'에 대하여 '바르게 분류된 데이터의 합계'의 비율로 나타낸 것.

3. activation function(활성화 함수)

신경망(Neural network)에서 1개의 유닛(인공 신경)이 받아들이는 입력에 가중치를 가한 합계를 구한 후와 그 합에 적용된 비선형 함수(활성화 함수)를 적용하면 실질적으로 어떤 함수도 신경망에 에 근사하게 할 수가 있음

4. back propagation(역전파법)

신경망에서 경사강하법을 수행하기 위한 주요 알고리즘. 계산 그래프를 통하여 다음의 계산을 수행. 먼저 각 노드의 출력치는 전방으로(입력층으로부터 출력층에) 계산을 해 나감. 다음에 각 파라미터에 대하여 오차의 편미분은 후방부터(출력층에서 입력층으로) 계산해 나가는 것

5. bias(역치)

특정한 기준 이상의 활성화는 증폭되고 기준 이하의 활성화는 무시하도록 하는 수치

6. class(클래스)

어떤 데이터가 속하는 그룹

7. classification algorithm(분류 알고리즘)

기계학습 알고리즘의 하나. 레이블 부착 데이터를 사용하여 분류를 수행하기 위한 모델을 작성하는 것

8. classification threshold(분류 임계 값)

데이터을 어떤 모델로 분류한 결과가 어떤 값이면 어떤 클래스로 다른 값이면 다른 클래스와 같이 경계면으로 사용하는 실수 값. 예를 들어 이메일의 메시지가 스팸일 확률을 결정하는 로지스틱 회귀 모델에서 분류의 임계값이 0.9 보다 큰 것을 스팸으로 0.9 보다 작은 것을 스팸이 아닌 것으로 판정하는 것을 들 수 있음

9. cluster(클러스터)

어떤 기준에 따라 유사한 것으로 보이는 데이터의 무리. 일반적으로 완전한 데이터 세트보다 작은 그룹(부분 집합)에 대하여 클러스터라고 부름

10. clustering algorithm(클러스터 분석 알고리즘)

비지도 학습의 한 기법으로 어떤 데이터 무리가 데이터의 유사도에 의하여 몇 개의 집합으로 나누어지는 것을 검출하고, 이러한 집합을 클러스터라고 함.

11. confusion matrix(혼동 행렬)

분류 모델을 평가하기 위한 표로서 어떤 데이터가 어떤 클래스에 속하는지에 대하여 바르게 분류 되었는지 어떤지의 우열을 표현하는 것. 한편의 축에 이 모델로 판정한 클래스를 나타내고 다른 한편에 실제 데이터의 라벨을 나타냄

12. convolution(합성곱)

입력 행렬에 대하여 합성곱 필터를 적용하는 조작하는 것으로써, 일반적으로 입력 행렬은 합성곱 필터에 대하여 현저히 고차원임. CNN(convolution neural network(합성곱 신경망)) 알고리즘에 적용함

13. convolutional neural network(cnn)(합성곱 신경망)

Feed forward 신경망의 일종으로 화상 또는 텍스트 데이터의 분석에 많이 사용되는 알고리즘으로, 합성곱층을 복수 이용하여 입력을 필터 처리하여 유용한 정보를 얻는 것. 필터를 자동 조정하여 현재 필요한 제일 좋은 정보를 검출하기 위해서 합성곱 층의 패러미터를 학습시키는 것으로 일반적으로 여러 차례의 합성곱을 1개의 층에 대하여 수행하거나 여러 개의 합성곱층을 사용하는 경우도 있음. 이 방법으로 작성된 신경망에서는 다른 패턴 또는 텍스트 데이터를 필터링하여 층 마다 정보를 추상화하는 것이 가능함

14. cost function(코스트 함수)

기계 학습 알고리즘이 최적화를 하는 기준으로써, 일반적으로 모든 훈련 데이터로 계산된 손실 함수로부터 구할 수 있는 손실과 어떤 정규화 식을 조합한 수식이 됨

15. cross entropy(교차 엔트로피)

2개의 확률 분포간의 유사도를 측정하는 기준의 하나로서, 로지스틱 회귀와 신경망 학습에서는 교차 엔트로피를 이용한 코스트 함수를 정의하는 경우가 많음

16. deep neural network(심층신경망)

입력층과 출력층의 사이에 2 개 이상의 계층을 갖는 신경망

17. density clustering algorithm(밀도 기준 클러스터 분석 알고리즘)

클러스터 분석 알고리즘의 하나로서, 인접한 데이터 자체의 평균 거리를 밀도로 정의하여 비슷한 밀도를 갖는 부분 공간상에 있는 데이터를 1 개의 그룹으로 식별하는 것. 형상이 규칙적이지 않은 클래스의 분석을 학습하는 데 많이 사용됨

18. dimensionality reduction(차원축소)

고차원의 데이터 세트를 저차원으로 변환하는 것으로써 변환에서는 얻은 정보가 변환전과 크기와 바뀌지 않고 다만 간단히 되도록 하는 것. 차원축소 알고리즘은 많은 데이터 세트의 모델을 단시간에 훈련하고자 할 때 사용을 하고, 차원축소에 의하여 변환전의 데이터 세트보다 모델의 정확도가 높아질 경우도 있음

19. dropout(드롭아웃)

신경망의 과도학습을 방지하는 기법의 하나로서, 복수의 노드가 동시에 적응하지 않도록 각 훈련에서 모든 노드의 일부를 램덤하게 0으로 설정하는 것

20. early stopping(조기 종료)

과도학습을 방지하는 한 기법으로써, 모델의 훈련 데이터에서 훈련 손실이 작아지기 전에 훈련을 종료하는 것. 종료 타이밍은 검증 데이터에서 검증 손실이 커지기 시작한 때로 함.

21. epoch(에포크)

기계학습 알고리즘에서 훈련 데이터 세트 전체에 의한 훈련을 수행하는 횟수

22. false positive(거짓양성, 위양성)

FP로 표기. 잘못 분류하여 양성으로 분류한 음성의 데이터. 예를 들어 실제에

는 스팸 메일이 아닌 이메일을 스팸(양성 클래스)으로 판단하는 것

23. feature(속성)

1개의 속성은 데이터의 1개의 속성으로 속성 벡터의 일부가 됨. 예를 들어 데이터가 한 사람인 경우, 신장(수치), 체중(수치), 인종(카테고리)와 같은 속성을 생각할 수 있음

24. ffnn(feed forward neural network)

신경망 가운데 하나로서 유닛 사이의 접속이 원형이 되는 RNN과는 구별이 됨. FFNN에서는 정보가 한 방향만이고 입력 유닛으로부터 출력 유닛의 정방향으로 전달이 되고, 중간에 숨겨진 유닛을 통과하는 경우도 있음

25. gated recurrent unit(gru)(게이트 부착 리커런트(재귀) 유닛)

RNN에서 사용하는 게이트부착 유닛으로써, 장단기 기억 유닛 (LSTM 유닛)보다 패러미터가 적음. LSTM 유닛과 마찬가지로 GRU에서도 게이트 방식을 이용하여 RNN에서 경사 소실 문제를 방지하고 장기에 걸쳐 요소간의 의존성을 효율적으로 학습시킴. GRU는 리셋용과 갱신용 게이트를 사용하여 유닛이 예전 데이터의 기억을 언제까지 유지하고 새로운 값으로 언제 치환할 것인지를 조정

26. gated unit(게이트 부착 유닛)

RNN에 사용되는 유닛의 형태로, 게이트를 이용하여 경사 소실 문제를 극복하는 데 사용할 수 있음. 게이트 부착 유닛의 종류에는 게이트 부착 RNN (GRU), LSTM 유닛 등이 있음

27. gaussian distribution(가우스 분포)

정규 분포라고도 함. 잘 알려진 연쇄 확률 분포로서 확률 밀도 함수는

$f_{\mu, \sigma^2}(x) = \frac{1}{\sqrt{2\pi\sigma^2}} e^{-\frac{(x-\mu)^2}{2\sigma^2}}$ 로 정의. 여기서 μ는 분포의 평균(기대치라고도 함), σ^2은 분산을 나타냄

28. generalization(일반화)

모델의 구축에 사용된 데이터와 같은 분포를 따른 데이터 가운데, 이전에는 보이지 않았던 새로운 데이터에 대하여 적응하는 모델의 능력

29. gradient descent(경사 강하법)

미분 가능한 함수에 대하여 적용한 반복적인 최적화 알고리즘으로 함수의 최소치 검출이 목적. 기계학습 알고리즘의 많은 경우에 경사 하강법 또는 이와 비슷한 방법을 사용하여 훈련 데이터 세트에서 코스트 함수의 최소치를 구하는 방법을 적용함

30. gradient step(경사 스텝)

경사 강하법에서 패러미터를 갱신하기 위해서 사용하는 값으로써, 일반적으로 학습률에 목적함수의 경사를 곱한 값을 사용

31. grid search(그리드 서치)

하이퍼 패러미터의 튜닝 방법의 하나로써, 가능한 전부의 패러미터의 조합에 대하여 모델을 훈련하여 검증 데이터 세트에 대하여 제일 우수한 결과를 부여한 조합을 최적하여 선택함

32. hidden layer(숨겨진 층)

Neural network에서 입력층과 출력층 사이에 있는 것

33. hyperparameter(하이퍼 패러미터)

기계학습 알고리즘의 패러미터 가운데, 학습 알고리즘에 따라 훈련에서 최적

화되지 않는 패러미터. 알고리즘에 따라 하이퍼 패러미터의 의미와 성질은 다르고, 반복 훈련의 회수, 미니 배치의 사이즈, 정칙화 패러미터, 학습률의 값 등이 있음. 하이퍼 패러미터는 기계학습 알고리즘에서는 최적화 되지 않기 때문에 교차 검증 또는 그리드서치, 램덤 서치, 베이즈 최적화, 진화론적 최적화 등의 방법으로 최적화를 함

34. hyperplane(초평면)

1개의 공간을 2개의 부분 공간으로 분할하는 경계. 예를 들어 2차원 공간은 선이고 3차원 공간에서는 평면이 초평면에 해당함. 기계학습에서 초평면은 보다 고차원인 경우가 많음. 예를 들어 SVM에 의한 기계학습 알고리즘에서는 양성 클래스와 음성 클래스를 분할하지만 배무 고차원인 평면이 되는 경우가 많음

35. input layer(입력 층)

신경망에서 입력해야만 하는 데이터의 속성을 받아들이는 유닛으로 구성된 층

36. k nearest neighbors(k 근접법)

kNN으로 약칭. 인스턴스 베이스 학습 알고리즘. 분류에도 회귀에도 적용이 가능. 분류에 사용되는 경우는, 라벨이 없는 데이터를 클래스에 분류하기 위해서 데이터 근방에 있는 k개의 데이터 가운데 대부분이 속해 있는 클래스를 할당. 회귀에 사용하는 경우에는 데이터의 미설정 레벨을 산출할 때 데이터의 근방에 있는 k개의 라벨의 평균값을 나누어 적용. 또한 해당하는 데이터와 그 근방의 거리는 유사도 매트릭스를 평가 기준으로 하여 취득하는 경우가 많음

37. kernel function(커널 함수)

라벨이 없는 입력과 각 훈련 데이터와의 유사도를 산출하는 함수

38. k-means(k 평균법)

분할형 클러스터 분석 알고리즘 기법의 하나로, 데이터 세트가 반드시 k개의 클러스터로 분류되도록 함. k개의 중심 centroid 가운데 1 점과의 거리에 기준을 두어 클러스터로 분류하고, 각 클러스터의 값의 평균으로 중심을 새롭게 산출하여 고침

39. learning rate(학습률)

경사 강하법에 의하여 모델의 패러미터를 갱신할 때 사용한 스칼라의 일종. 경사 강하법에서는 반복 회수마다 코스트 함수의 기울기(경사)에 학습률을 적용하고, 이의 곱을 경사 스텝이고도 함

40. linear regression(선형 회귀)

회귀분석에 많이 사용하는 회귀 알고리즘의 하나로써, 속성의 선형 결합으로부터 모델을 학습시키는 것

40. logistic regression(로지스틱 회귀)

분류 알고리즘의 하나로써, 분류 문제에서 이산 값을 갖는 각 라벨로 분류하는 경우, 각 라벨의 확률 값을 부여하는 모델을 생성하는 것. 선형 예측에 지그모이드 함수를 적용. 로지스틱회귀는 일반적으로 이진 분류의 문제를 나타내고, 다클러스터 분류 문제와 같은 라벨이 3개 이상으로 나누어지는 경우는 다클래스 로지스틱 회귀라고 함

41. long short-term memory(lstm)(장단기 기억 유닛)

RNN을 이용한 게이트 부착 유닛의 한 형식. 다른 게이트 부착 유닛과 마찬가지로 back propagation법의 계산중에서 경사 소실 문제를 방지하는 역할을 함. LSTM 유닛은 기억 셀과 '입력', '출력', '망각'의 3개의 게이트가 됨. 기억 셀은

RNN에서 앞에서 갖고 있는 정보를 유지하여 필요에 따라 개방하는 것. LSTM 유닛을 사용한 신경망을 LSTM 네트워크라고도 함. RNN의 장기적인 의존 관계의 문제를 방지하려는 것이 목적임. 이는 단순한 것보다도 복잡한 시퀀스의 학습성이 우수한 것을 나타냄

42. loss function(손실 함수)

모델의 예측이 벗어난 것에 따라 벌칙(penalty)을 되돌리는 함수. 손실함수가 2계통의 입력을 받아 1개 또는 속성 벡터에 모델을 적용하여 출력된 값으로, 모델의 예측에 해당함

43. machine learning(기계학습)

어떤 현상의 데이터의 집합에 관련된 유용한 알고리즘의 구축을 목적으로 하는 것. 데이터는 자연현상 그대로 사용하는 것도 있고 사람이 만드는 것도 있고 다른 알고리즘으로부터 생성하는 것도 있음. 데이터 세트를 수집하고 데이터 세트로부터 알고리즘을 이용한 통계 모델을 구축하는 것 등의 방법에 의한 현실 문제를 해결하려고 하는 프로세스를 의미

44. maximum margin classification(최대 마진 분류)

이진 분류법의 하나로써, 속성을 나타내는 고차원 공간에 1개의 초평면을 나타내는 것을 목적으로 하는 것. 이 초평면의 조건은 이진으로 분류된 각 데이터로부터 거리가 최대가 되도록 하는 것. SVM은 마진 최대화 분류기의 하나

45. multi-class classification(다 클래스 분류)

분류 문제의 하나. 3개 이상의 클래스 가운데 하나로 분류를 함. 이에 비하여 두가지 가운데 하나로 분류하는 문제는 이진 분류라고 함

46. multi-class logistic regression(다 클래스 로지스틱 회귀)

다항 로지스틱 회귀라고 함. 분류 알고리즘의 하나. 로지스틱 회귀를 다 클래스 분류 문제에 응용하는 방법

47. neural network(신경망)

연결된 유닛으로부터 된 층에서 복수의 층에 의하여 구성된 모델. 이 유닛을 뉴런이라고도 함

48. normalization(정규화)

실측치의 범위를 표준적인 범위로 변화하는 처리. 이 범위로 [-1, +1] 또는 [0, 1]이 많이 사용됨

49. objective function(목적 함수)

기계학습 알고리즘에 의한 모델의 구축에는 목적함수를 최적화하는 공정이 포함되어 있음. 일반적으로 모델에서 예측된 값과 데이터가 실제 갖고 있는 라벨와의 차이를 함수로 한 것

50. output layer(출력 층)

신경망에서 최종적인 예측치를 내보내는 유닛 층

51. overfitting(과도학습 또는 과최적화)

모델이 훈련 데이터 특유의 상세한 특성 및 노이즈까지를 학습하게 되어 훈련 데이터에 과도하게 적합한 상태. 이 경우에 훈련 데이터의 예측 성능은 거의 완벽하지만, holdout data set에 대해서는 낮게 됨. 과도학습 문제는 일반적으로 정규화로 해결할 수 있음

52. precision(적합률)

이진 분류 모델의 품질을 평가하가 기준의 하나. '모델에 의하여 양성으로 판단된 데이터'의 가운데 '진짜 양성인 데이터의 수'의 비율

53. principal component analysis(pca) (주성분 분석)

상관성이 있을 수 있는 많은 속성을, 상관성이 없는 소수의 속성으로 변환하는 수학적 기법. 생성된 소수의 속성을 주성분이라고 부름. 차원축소을 위해서 많이 사용되고, 큰 세트의 속성 벡터가 갖고 있는 정보를 잃지 않도록 작은 세트로 만드는 것

54. random forests(랜덤포레스트)

결정목 구축할 때 분기 마다 속성을 무작위로 추출하여 사용하는 것

55. recall(재현률)

이진 분류 모델의 품질을 쉽게 알 수 있도록 하기 위한 것으로, 진짜 양성인 데이터의 총개수 가운데 모델이 바르게 양성이라고 판단한 데이터의 수의 비율로 나타냄

56. recurrent neural network(rnn)

신경망의 한 형태로써, 층에의 입력은 앞의 층부터만이 아니고 자기의 이전의 타임스텝으로부터도 수행. 일반적으로 RNN은 자연어 처리, 음성처리 등의 연속적인 데이터의 해석에 사용

57. regression(회귀)

어떤 속성 벡터에 대한 실수치 라벨(목적 함수의 값)을 예측하는 문제

58. reinforcement learning(강화 학습)

기계학습 분야의 하나로써, 시스템은 자기의 상태로 생각할 수 있는 어떤 경우에 대하여 무언가의 행동을 하는 것. 다른 행동은 다른 결과를 가져오고, 시스템은 그것을 '보수'로 인식. 강화학습의 목적은 정책 학습이고, 각 상태에 대응하는 최적인 행동을 얻을 수 있도록 함. 기대된 보수의 평균이 최대가 되도록 산출된 행동을 최적으로 함

59. sigmoid function(시그모이드 함수)

어떠한 값에도 (0, 1)의 범위의 값으로 변환하는 함수. 특히 로지스틱 회귀의 출력 생성에 사용

60. stochastic gradient descent(확률적 경사 강하법)

경사 강하법의 알고리즘으로부터 파생된 기법의 하나. 훈련의 속도 향상을 위하여 목적 함수의 경사의 계산에서 무작위로 선택한 하나의 훈련 데이터만을 사용하는 것. 실제로는 미니배치 확률적 경사 강하법이 많이 사용됨

61. supervised learning(지도 학습)

모델을 학습시키기 위한 문제의 하나. 레이블 부착 데이터를 이용. 회귀 및 분류에 이용

62. support vector machine(서포트벡터머신)

분류 알고리즘의 하나로써, 양성 클래스와 음성 클래스를 나누어 여백이 최대가 되도록 하는 것. 커널 함수 및 힌지 손실을 함께 사용

63. test set(테스트 데이터 세트)

모델의 품질 테스트에 사용되는 데이터 세트

64. training example(훈련 데이터)

훈련 데이터 세트의 요소

65. training loss(훈련 손실)

모델을 훈련 데이터에 적용한 결과에 대하여 손실 함수를 더 적용하여 얻어진
값의 평균

66. training set(훈련 데이터 세트)

데이터 세트로부터 무작위로 검출한 데이터 무리의 부분집합. 학습 알고리즘
에서 모델의 훈련에 사용됨

67. training(훈련)

훈련 데이터를 이용하여 모델을 적합 시키는 것

68. true negative(tn)(진음성)

이진 분류에서 음성의 라벨이 부착된 데이터가 모델에 의해서도 정확하게 음
성으로 예측된 데이터

69. true positive(tp)(진양성)

이진 분류에서 양성 라벨이 부착된 데이터가 모델에 의해서도 맞게 양성인 것
으로 예측된 데이터

70. underfitting(학습 부족)

모델이 훈련 데이터에 별로 적합하지 않은 상태. 즉 모델이 훈련 데이터의 라
벨을 별로 잘 예측하지 못한 상태

71. unit(유닛)

뉴런이라고도 함. 신경망의 노드. 일반적으로 복수의 입력값으로부터 1 개의 출력값을 생성. 입력값의 가중치 부착 총합에 활성화함수(비선형 변환)을 적용하여 출력값을 산출

72. unlabeled example(라벨이 없는 데이터)

속성을 갖지만 라벨을 갖지 않는 데이터

73. unsupervised learning(비지도 학습)

레이블이 없는 데이터 세트를 이용한 비지도 학습의 예는 클러스터 분석, 토픽 모델링, 차원 축소 등

74. vanishing gradient problem(경사 소실 문제)

신경망이 매우 깊은 경우, 특히 RNN와 같이 경사가 작아지기 쉬운 활성화 함수를 사용할 경우에 발생하는 문제. Back propagation에서 작은 경사가 쌓여서 여러 층에 걸쳐 경사가 소실된 것과 같은 결과가 생겨서 네트워크가 장기간의 보존 관계를 학습하지 못 하게 됨. 반대인 현상인 경사 폭발 문제가 있음